Inhaltsverzeichnis

Dieses Heft gehört: Klasse:

Umfang und Flächeninhalt vom Dreieck

▶ **Grundwissen**

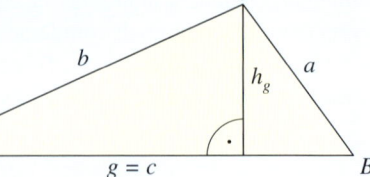

Beispiel:

Umfang: $u_{\text{Dreieck}} = a + b + c$ $u = 2,5\,\text{cm} + 4,9\,\text{cm} + 6\,\text{cm} = 13,4\,\text{cm}$

Flächeninhalt: $A_{\text{Dreieck}} = \dfrac{g \cdot h_g}{2}$ $A = $ _____

▶ **Auftrag:** Berechne den Flächeninhalt A des abgebildeten Dreiecks.

Trainieren

1 Miss jeweils zuerst die Längen der Seiten und schreibe diese an das Dreieck. Ermittle danach dessen Umfang.

a) 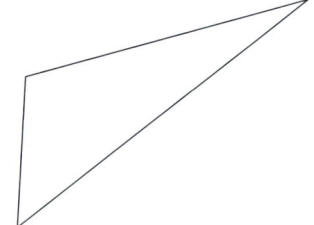 b) 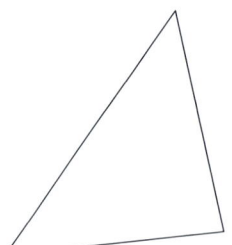 c)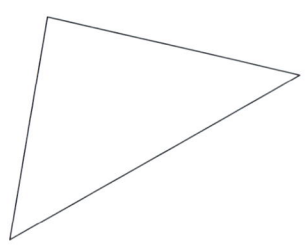

_____   _____   _____

2 Ergänze jeweils die fehlende Größe des Dreiecks.

a	2 cm	25 mm	4 dm	1,5 m	8 cm	31 mm	2,4 dm	3,1 m
b	5 cm	35 mm	4 dm	1 m	10 cm	32 mm		2,3 m
c	5 cm	20 mm	4 dm	2 m			4,3 dm	
u					25 cm	100 mm	11,9 dm	9,9 m

3 Gib drei Beispiele für Seitenlängen von Dreiecken mit 15 cm Umfang an.
Hinweis: Überprüfe deine Beispiele mit entsprechend langen Papierstreifen oder einem 15 cm langen Band.

_____

4 Färbe jeweils zuerst gleich große Dreiecke mit der gleichen Farbe ein. Berechne danach die Flächeninhalte.

a) 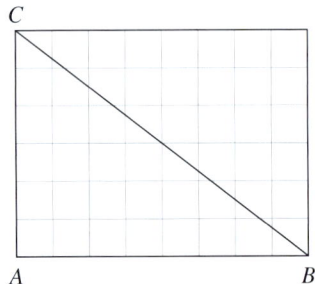 b) 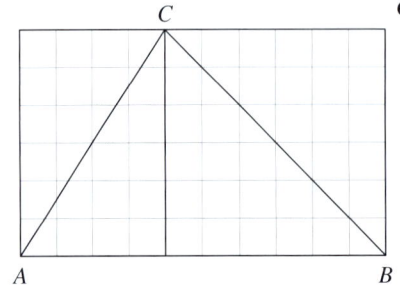 c)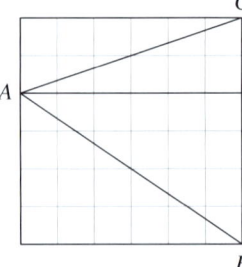

Rechteck: $A = $ _____ Rechteck: $A = $ _____ Rechteck: $A = $ _____

Dreieck: $A = $ _____ Dreieck: $A = $ _____ Dreieck: $A = $ _____

5 Berechne jeweils den Flächeninhalt des Dreiecks. Entnimm die Maße den Zeichnungen.

a)

b)

c)

d)

e)

f)

Anwenden und Vernetzen

6 Die Strecken $\overline{AB}$ sollen Seiten von Dreiecken ABC sein, die zum Rechteck flächengleich sind.

a) Ergänze jeweils zu einem dementsprechenden Dreieck ABC. Berechne dazu zuerst den Flächeninhalt.

A

A   B

A

B

b) Ermittle die Umfänge der Dreiecke.

7 Jans Eltern wollen die maßstäblich abgebildete dreieckige
Fläche mit Rollrasen auslegen. 1 m² Rollrasen kostet 5,50 €.

a) Wie viel wird der Rollrasen insgesamt kosten?

b) Schätze, wie viel Meter Rasen-

kantensteine zu kaufen sind.

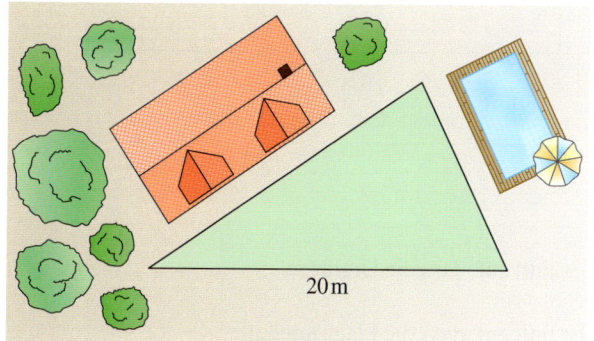

20 m

Umfang und Flächeninhalt vom Parallelogramm

▶ **Grundwissen**

Jedes Viereck mit zwei Paaren gleich langer gegenüberliegender Seiten ist ein Parallelogramm.

Umfang: $\quad u_{\text{Parallelogramm}} = a + b + a + b$ Beispiel:
$$= 2 \cdot a + 2 \cdot b \qquad u = 2 \cdot 3\,\text{cm} + 2 \cdot 2{,}5\,\text{cm} = 11\,\text{cm}$$

Flächeninhalt: $A_{\text{Parallelogramm}} = a \cdot h_a$ $A =$ _____

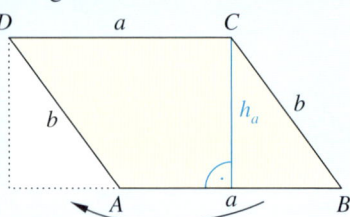

▶ **Auftrag:** Berechne den Flächeninhalt A des abgebildeten Parallelogramms.

Trainieren

1   Verschiedenartige Parallelogramme

    a) Ordne jede der folgenden Bezeichnungen zu.

      Quadrat   Rechteck   Raute   Parallelogramm

    b) Miss jeweils zuerst die Längen der Seiten und schreibe diese an das Parallelogramm.
       Ermittle danach dessen Umfang.

    c) Miss jeweils eine Grundseite a sowie die Höhe h_a auf der Grundseite und gib den Flächeninhalt an.
       Hinweis: Überprüfe dein Ergebnis mithilfe der Kästchen.

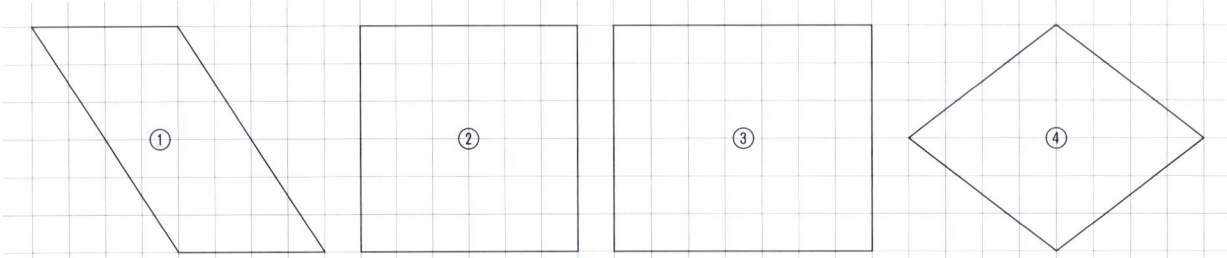

$u =$ _____ $u =$ _____ $u =$ _____ $u =$ _____

$A =$ _____ $A =$ _____ $A =$ _____ $A =$ _____

2   Ermittle die Umfänge und die Flächeninhalte der Parallelogramme.
    Was fällt auf?

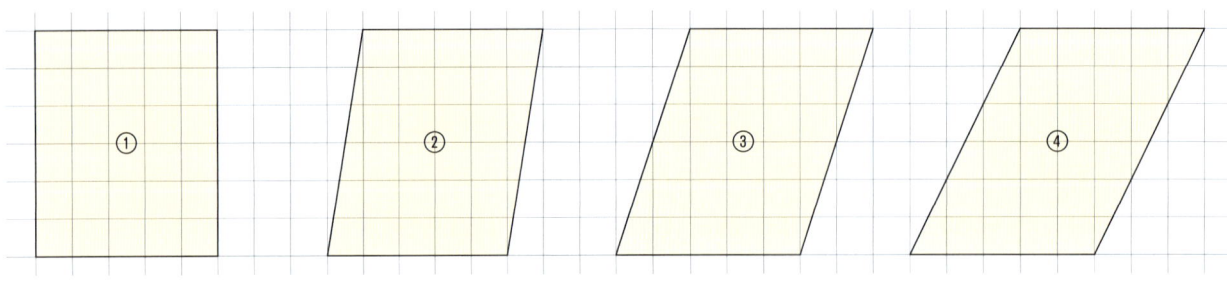

$u =$ _____ $u \approx$ _____ $u \approx$ _____ $u \approx$ _____

$A =$ _____ $A =$ _____ $A =$ _____ $A =$ _____

Es fällt auf, dass die Umfänge _____

Es fällt auf, dass die Flächeninhalte _____

3 Berechne die Flächeninhalte der Parallelogramme.

a)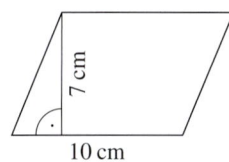

b)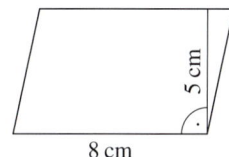

c)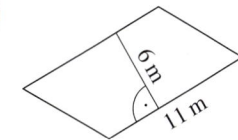

d)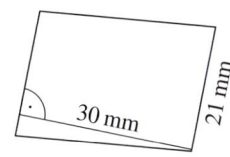

_____   _____   _____   _____

_____   _____   _____   _____

4 Zeichne jeweils ein entsprechendes Parallelogramm. Ermittle dazu benötigte Längen.

a) $A = 15\,\text{cm}^2$; $a = 6\,\text{cm}$

b) $A = 18\,\text{cm}^2$; $h_a = 3\,\text{cm}$

5 Ergänze jeweils die fehlenden Größen des Parallelogramms.
Zusatzaufgabe: Überprüfe deine Ergebnisse mithilfe von maßstäblichen Zeichnungen auf kariertem Papier.

a	2 cm	4 cm	6 cm		9 cm	10 cm	15 mm	
b	2 cm	2 cm		5 cm		7 cm	8 mm	17 m
h_a	1 cm		3 cm				10 mm	12 m
u			22 cm	24 cm	28 cm			60 m
A		4 cm²	24 cm²		72 cm²	80 cm²		

Anwenden und Vernetzen

6 Die Koordinaten von drei Eckpunkten eines Parallelogramms $ABCD$ sind $A\,(2{,}5\,|\,1)$, $B\,(7\,|\,2)$ und $C\,(5{,}5\,|\,3{,}5)$.

a) Gib die Koordinaten vom Punkt D an. _____

b) Leni sagt: „Wenn eine Einheit 1 cm lang ist, beträgt der Umfang ca. 135 mm und der Flächeninhalt 9 cm." Kann das stimmen?

_____

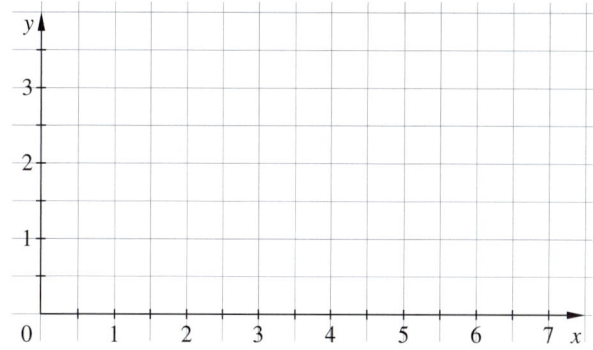

7 Mit 25 der maßstäblich abgebildeten Pfeile soll ein Weg markiert werden. Wie viel Quadratmeter selbstklebender Folie sind dafür mindestens zu kaufen?

_____

_____

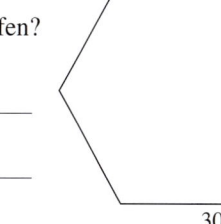

30 cm

Umfang und Flächeninhalt vom Drachen

▶ Grundwissen

Jedes Viereck mit zwei Paaren gleich langer benachbarter Seiten ist ein Drachen.

Umfang: $\begin{aligned} u_{\text{Drachen}} &= a + a + b + b \\ &= 2 \cdot a + 2 \cdot b \end{aligned}$

Beispiel:
$u = 2 \cdot 1,8\,\text{cm} + 2 \cdot 2,9\,\text{cm} = 9,4\,\text{cm}$

Flächeninhalt: $A_{\text{Drachen}} = \frac{e \cdot f}{2}$

$A = $ _____

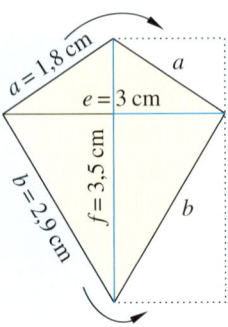

▶ **Auftrag:** Berechne den Flächeninhalt A des abgebildeten Drachens.

Trainieren

1 Drachen

| 9 cm | 10,4 cm | 11,4 cm | 12,6 cm | 12,2 cm |

a) Ordne jedem Viereck seinen Umfang zu.

b) Zeichne jeweils zuerst die Diagonalen ein.
Berechne danach die Flächeninhalte. Miss dafür benötigte Streckenlängen.
Hinweis: Überprüfe deine Ergebnisse mithilfe der Kästchen und flächeninhaltsgleicher Rechtecke.

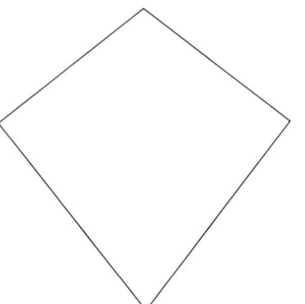 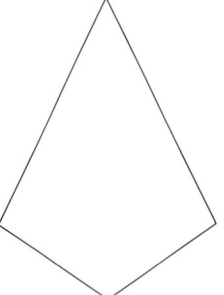 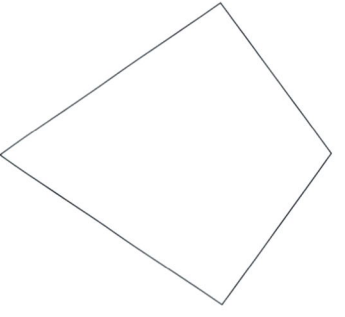 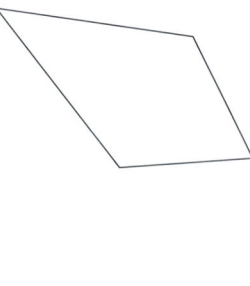

$u \approx$ _____ $u \approx$ _____ $u \approx$ _____ $u \approx$ _____

$A =$ _____ $A =$ _____ $A =$ _____ $A =$ _____

_____   _____   _____   _____

2 Berechne jeweils die fehlende Größe des Drachens.

a) Längen der Seiten und Umfang

a	2 cm	2,5 mm	4 dm	1,5 m	8 cm	31 mm		
b	5 cm	3,5 mm	4 dm	1 m			5,2 dm	2,3 m
u					36 cm	106 mm	15,2 dm	10,8 m

b) Längen der Diagonalen und Flächeninhalt

e	2 cm	4 dm	8 cm	4,5 mm	31 mm	2 m		
f	3 cm	3 dm	10 cm	4 mm			1 m	50 dm
A					341 mm²	2,3 m²	0,75 m²	60 dm²

3 Ein Drachen ist 30 cm² groß. Wie lang können die Diagonalen sein? _____

4 Ergänze jeweils zuerst zu einem entsprechenden Drachen. Gib danach den Flächeninhalt an.

a) $e = 5{,}5\,\text{cm}; f = 6\,\text{cm}$ $A = \underline{\hspace{2cm}}$

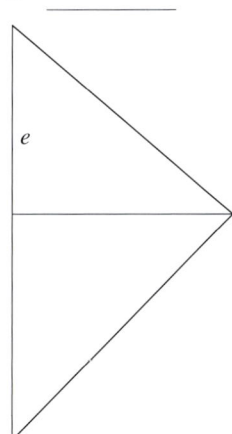

b) $e = 7\,\text{cm}; f = 7\,\text{cm}$ $A = \underline{\hspace{2cm}}$

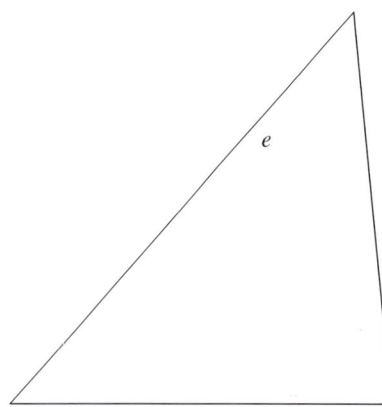

c) $a = 5\,\text{cm}; b = 5\,\text{cm}$ $A = \underline{\hspace{2cm}}$

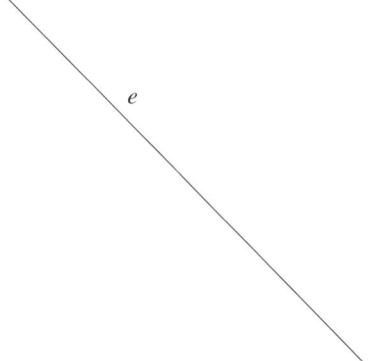

d) $a = b; e = 5\,\text{cm}; f = 7\,\text{cm}$ $A = \underline{\hspace{2cm}}$

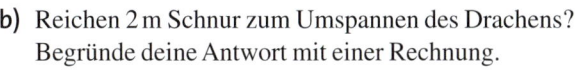

Anwenden und Vernetzen

5 Nele möchte aus zwei Leisten und einem großen Bogen farbigem Papier einen Drachen bauen.
Die Leisten sind 50 cm bzw. 80 cm lang.
Die kürzere Leiste soll etwa 25 cm von der Spitze entfernt angebracht werden.
Der Bogen Papier ist 47 cm breit und 80 cm lang.

a) Zeichne den Drachen maßstabsgetreu auf den Bogen.
Hinweis: Lege zuerst die Leisten mit Papierstreifen.

b) Reichen 2 m Schnur zum Umspannen des Drachens?
Begründe deine Antwort mit einer Rechnung.

_____

_____

_____

c) Schätze, wie viel Prozent des Bogens Papier zu Abfall werden.

☐ ca. 30 %   ☐ ca. 40 %   ☐ ca. 50 %   ☐ ca. 60 %

Umfang und Flächeninhalt vom Trapez

▶ Grundwissen

Jedes Viereck mit einem Paar paralleler Seiten ist ein Trapez.

Umfang: $u_{\text{Trapez}} = a + b + c + d$

Flächeninhalt: $A_{\text{Trapez}} = \frac{a+c}{2} \cdot h_a = m \cdot h_a \qquad \left(m = \frac{a+c}{2}\right)$

Beispiel: $u = 6{,}2\,\text{cm} + 3{,}5\,\text{cm} + 1{,}8\,\text{cm} + 4\,\text{cm} = 15{,}5\,\text{cm}$

$A =$ _____

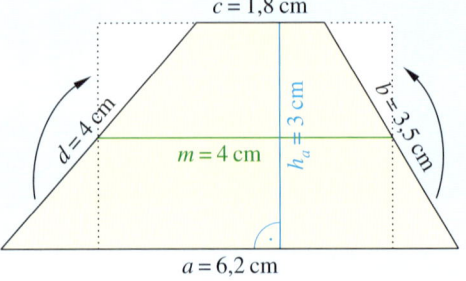

▶ **Auftrag:** Berechne den Flächeninhalt A des abgebildeten Trapezes.

Trainieren

1 Berechne jeweils die Länge der Mittellinie m und den Flächeninhalt A.

a) 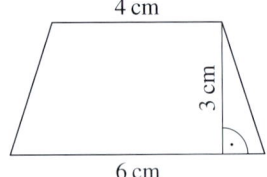 b) 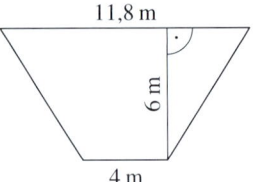 c) 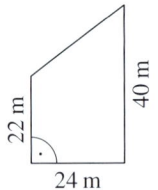 d)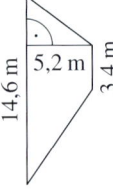

$m =$ _____ $m =$ _____ $m =$ _____ $m =$ _____

$A =$ _____ $A =$ _____ $A =$ _____ $A =$ _____

2 Trapeze

a) Ordne jedem Viereck seinen Umfang zu.

9,5 cm   10,5 cm   10,5 cm   12,6 cm

b) Zeichne jeweils zuerst die Mittellinie m und die Höhe h ein. Berechne danach damit die Flächeninhalte.
Hinweis: Überprüfe dein Ergebnis mithilfe der Kästchen und flächeninhaltsgleicher Rechtecke.

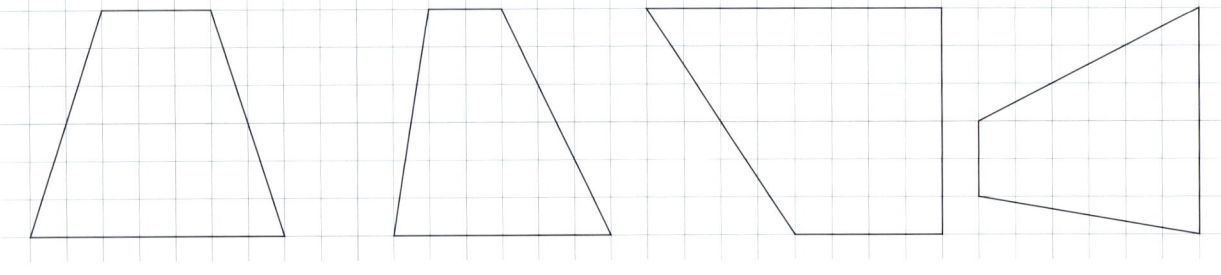

$u \approx$ _____ $u \approx$ _____ $u \approx$ _____ $u \approx$ _____

$A =$ _____ $A =$ _____ $A =$ _____ $A =$ _____

_____   _____   _____   _____

3 Berechne die Flächeninhalte folgender Trapeze mit den zueinander parallelen Seiten a und c.

Seite a	3 cm	3,8 cm	75 cm	358 m	5 mm
Seite c	5 cm	2,4 cm	1,45 m	0,7 km	2,8 mm
Höhe h	4 cm	3 cm	0,8 m	47 m	12 mm
Flächeninhalt A					

4 Ein Trapez ist 18 cm² groß. Die zueinander parallelen Seiten sind 6 cm und 3 cm lang.
Ermittle die Höhe des Trapezes.

5 Berechne jeweils die fehlenden Größen des Trapezes mit den zueinander parallelen Seiten a und c.
Hinweis: Skizziere jeweils ein entsprechendes Trapez auf einem zusätzlichen Blatt.

a	10 cm	5 cm	3 cm	7,5 cm		10 cm	2,5 cm
b	6 cm	6,2 cm	4,3 cm	6,8 cm		2,2 cm	6,2 cm
c	5 cm			2 cm	8 cm	4 cm	
d	7,8 cm	6 cm	3,8 cm		3,6 cm	5,4 cm	6,3 cm
u			18,1 cm	20,3 cm	19,2 cm		
m		4 cm			6 cm		4,25 cm
h	6 cm		3,5 cm		3 cm		6 cm
A		24 cm²		19 cm²		14 cm²	

Anwenden und Vernetzen

6 Die Platte des Tisches für eine Kita hat die Form eines Trapezes
mit einer 1,2 m langen Seite und drei 60 cm langen Seiten.

a) Wie viele Kita-Kinder können direkt am Tisch stehen,
wenn jedes Kind ca. 30 cm beansprucht?

b) Zeichne zuerst eine Tischfläche im Maßstab 1 : 10.
Ermittle danach mithilfe der Zeichnung die Größe der Tischfläche in Quadratdezimetern.

c) Schätze, wie viele Doppelseiten dieses Arbeitsheftes man zum vollständigen Abdecken der Tischplatte mindestens
benötigt?

Umfang und Flächeninhalt vom Vieleck

▶ **Grundwissen**

- Der Umfang u eines Vielecks ist die Summe der Längen aller Seiten des Vielecks.

- Der Flächeninhalt A eines Vielecks ist die Summe aller Flächeninhalte seiner Teilflächen.

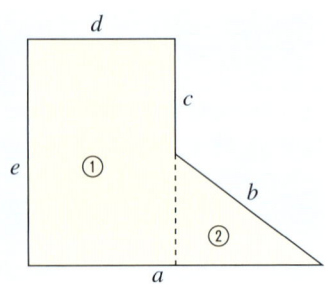

Beispiel: $u = a + b + c + d + e = 4\,\text{cm} + 2{,}5\,\text{cm} + 1{,}5\,\text{cm} + 2\,\text{cm} + 3\,\text{cm} = 13\,\text{cm}$

$A = A_1 + A_2 = $ _____

▶ **Auftrag:** Ermittle den Flächeninhalt A des abgebildeten Vielecks.

Trainieren

1 Zerlege jeweils zuerst in zwei Dreiecke und berechne danach den Flächeninhalt des Vierecks.
Hinweis: Miss die benötigten Längen.

a) 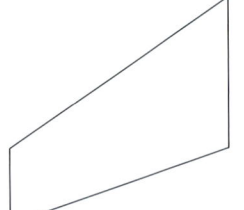 b) 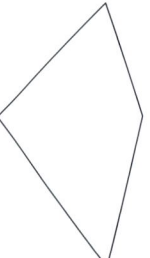 c) 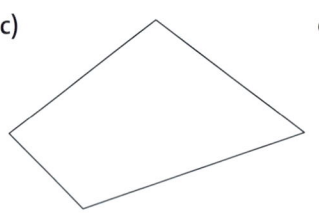 d)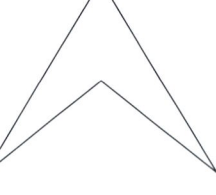

a)	b)	c)	d)
$A_1 = $ _____	$A_1 = $ _____	$A_1 = $ _____	$A_1 = $ _____
$A_2 = $ _____	$A_2 = $ _____	$A_2 = $ _____	$A_2 = $ _____
$A = $ _____	$A = $ _____	$A = $ _____	$A = $ _____

2

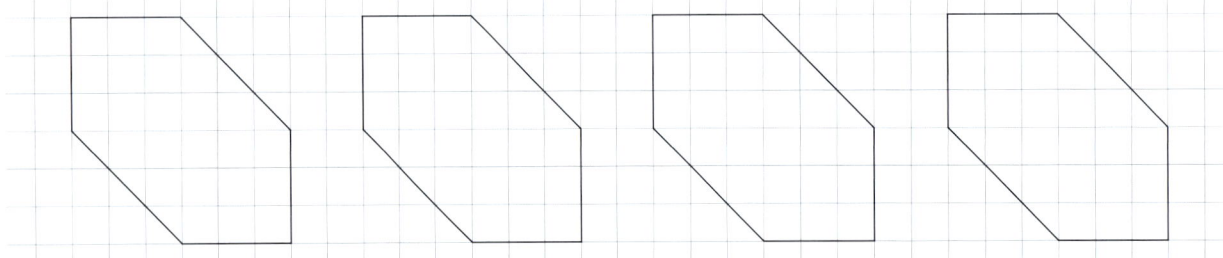

a) Gib vier unterschiedliche Zerlegungen in Teilflächen, deren Flächeninhalt du berechnen kannst, an.

b) Berechne den Umfang und den Flächeninhalt.
Hinweis: Miss die benötigten Längen.

$u = $ _____

$A = $ _____

c) In einem Heft steht: $A_1 = A - 2 \cdot A_2$
$A_1 = 3\,\text{cm} \cdot 3\,\text{cm} - 2 \cdot \frac{(1{,}5\,\text{cm} \cdot 1{,}5\,\text{cm})}{2}$

Markiere in der Zeichnung die entsprechenden Flächen A_1 und A_2.

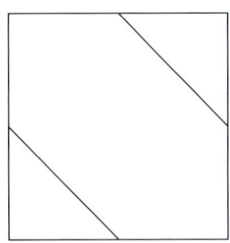

3 Ermittle die Umfänge und die Flächeninhalte durch Zerlegen.
Zusatzaufgabe: Ermittle die Flächeninhalte von zwei Figuren durch Ergänzen oder Umlegen.

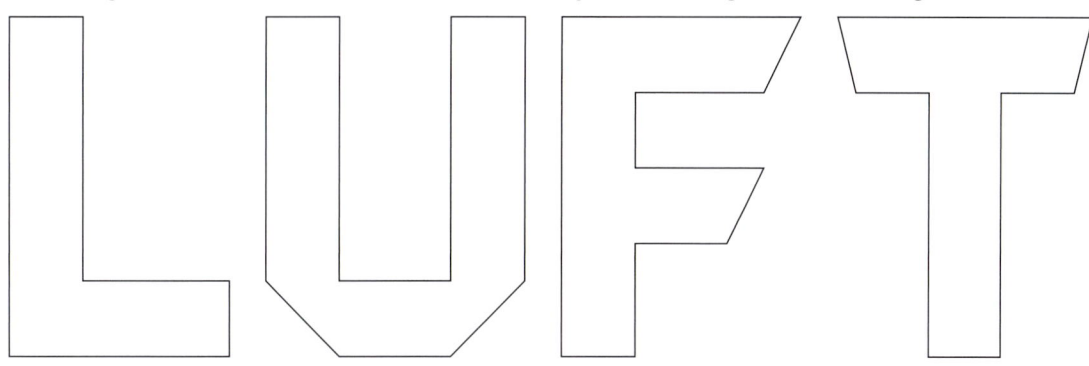

„L" $u =$ _____

$A =$ _____

„U" $u =$ _____

$A =$ _____

„F" $u =$ _____

$A =$ _____

„T" $u =$ _____

$A =$ _____

Anwenden und Vernetzen

4 Familie Groß möchte in die Wohnung, deren Grundriss hier abgebildet ist, umziehen.
Der Vermieter sagt, dass die monatliche Kaltmiete 5,50 € pro m² beträgt und mit 2,50 € pro m² Betriebskosten zu rechnen ist. Wie hoch ist die monatliche Miete für diese Wohnung?
Zusatzaufgabe: Verändere den Grundriss, sodass es ein Kinderzimmer gibt. Gib die Größen der Räume an.

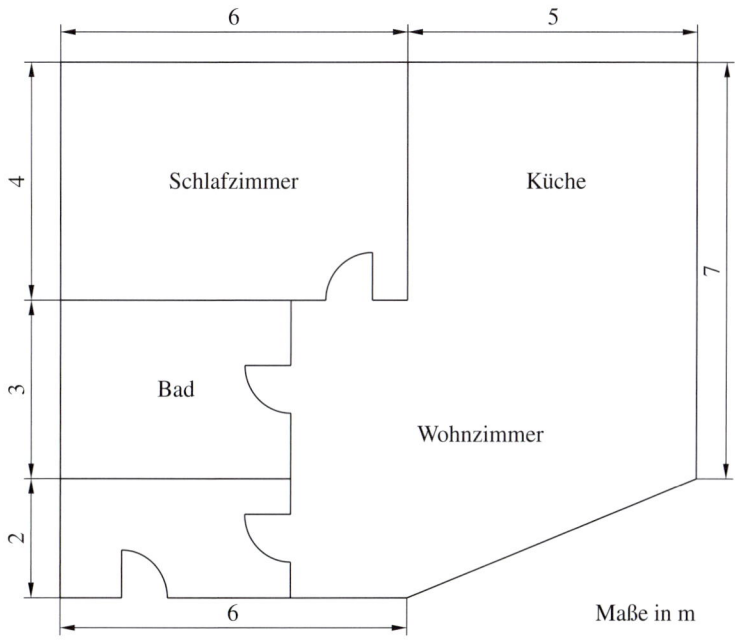

Maße in m

Gleichungen durch Probieren lösen

▶ **Grundwissen**

Setzt man in eine Gleichung für die Variable eine Zahl ein, so entsteht eine wahre oder eine falsche Aussage.
Jede Zahl, die zu einer wahren Aussage führt, nennt man Lösung der Gleichung.
Eine Gleichung hat eine, keine oder mehrere Lösungen.

Beispiele: $2 \cdot x + 1 = 7$ Lösung: _____

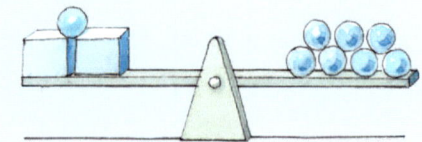

             $y \cdot y + 1 = 5$ Lösungen: _____

▶ **Auftrag:** Ergänze die Lösungen. Es sind ganze Zahlen zwischen −4 und 4.

Trainieren

1   Setze in die Gleichungen für die Variablen die gegebenen Zahlen ein.
    Gib jeweils an, ob eine wahre bzw. falsche Aussage entsteht.

	$10 \cdot x - 7 = 43$	$x + 30 = 50 - 9$	$\frac{1}{2} + x = 2x - 0{,}5$
$x = 11$	$10 \cdot 11 - 7 = 43$ $103 = 43$ falsche Aussage		
$x = 7$			
$x = 5$			
$x = 1$			

$10 \cdot x - 7 = 43$ $x + 30 = 50 - 9$ $\frac{1}{2} + x = 2x - 0{,}5$

Lösung: _____   Lösung: _____   Lösung: _____

2   Löse die Gleichungen durch systematisches Probieren bzw. Überlegen.

a) $y - 7 = 35$ $y =$ ____   b) $100 + x = 220$ $x =$ ____   c) $14 \cdot a = 28$ $a =$ ____

d) $k : 25 = 3$ $k =$ ____   e) $f - 4 = 8$ $f =$ ____   f) $g + 2 = 2$ $g =$ ____

g) $b \cdot 0{,}5 = 2$ $b =$ ____   h) $3 : d = 5$ $d =$ ____   i) $2a - 0{,}5 = 2{,}1$ $a =$ ____

3   Sind die angegebenen Lösungen richtig? Kreuze an.

a) $7a - 2 = 6a + 3$ Lösung: 5   ☐ richtig   ☐ falsch

b) $0{,}5b + 7b = 8{,}5 - 1b$ Lösung: 2   ☐ richtig   ☐ falsch

c) $4{,}5 : 0{,}5c = 9$ Lösung: 1   ☐ richtig   ☐ falsch

4   Gib eine Gleichung an, die unendlich viele Lösungen hat. _____

5 Binde jeweils die Luftballons mit Lösungen an die richtige Tasche.

Luftballons: 1, 9, -7, 0, 5, 6, 4, 8, -5, 3, 7, -4, -6, 2, -3, -1

Taschen: $4a - 7 = 13$ $2b + 5 = 13 + b$ $7 + c \cdot c = 23$ $7 + d = 15 + d - 9$

6 Ergänze jeweils zuerst die Tabellen. Gib danach die Lösung der Gleichung an.

a)

a	2	4	6	8
$a + 12$				
$4a$				

Die Lösung der Gleichung $a + 12 = 4a$ ist _____

b)

b	2	4	6	8
$10b : 5$				
$3b - 6$				

Die Lösung der Gleichung $10b : 5 = 3b - 6$ ist _____

c)

c	1	3	5	7
$2c$				
$5c - 15$				

Die Lösung der Gleichung $2c = 5c - 15$ ist _____

d)

d	0,1	0,2	0,5	0,9
$2d - 1,2$				
$1,3 - 3d$				

Die Lösung der Gleichung $2d - 1,2 = 1,3 - 3d$ ist _____

Anwenden und Vernetzen

7 Zum Einzäunen der abgebildeten Pferdekoppel stehen 80 m Zaun zur Verfügung.

a) Ermittle x.

_____

_____

b) Kann mit dem Zaun eine $410\,\text{m}^2$ große quadratische Koppel abgesteckt werden?

_____

_____

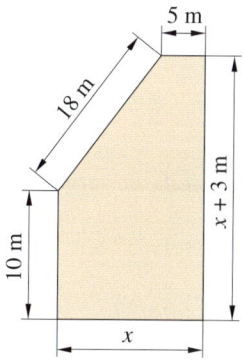

5 m, 18 m, 10 m, $x + 3$ m, x

8 Formuliere zu den gegebenen Zusammenhängen Gleichungen und gib deren Lösungen an.

a) „Ich denke mir eine Zahl. Addiere ich zu ihr 17, erhalte ich 29."

_____

b) „Subtrahiere ich von einer gedachten Zahl 5, bleiben 36 übrig."

_____

c) „Addiere ich zur Hälfte einer Zahl ihr Doppeltes, ist das Ergebnis 25."

_____

Gleichungen durch Umformen lösen

► **Grundwissen**

Gleichungen kann man mithilfe folgender Äquivalenzumformungen lösen.
- Ordnen und Zusammenfassen auf einer Seite vom Gleichheitszeichen ☐ wahr ☐ falsch
- Addieren oder Subtrahieren desselben Terms auf beiden Seiten ☐ wahr ☐ falsch
- Multiplizieren oder Dividieren mit demselben Term (außer 0) auf beiden Seiten ☐ wahr ☐ falsch
- Tauschen der Rechenoperationen auf beiden Seiten ☐ wahr ☐ falsch
- Tauschen beider Seiten ☐ wahr ☐ falsch

► **Auftrag:** Kreuze an.

Trainieren

1 Wie viele ⬭ entsprechen x? Veranschauliche die Lösungsschritte und notiere passende Gleichungen.

a)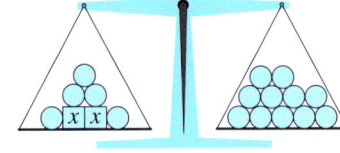

b)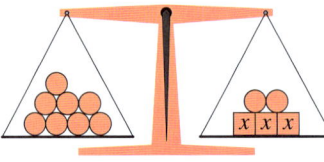

c)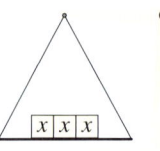

_____ = |

_____ = |

_____ = |

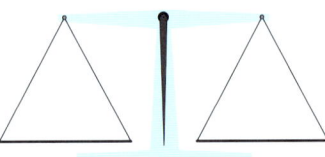

_____ = |

_____ = |

_____ = |

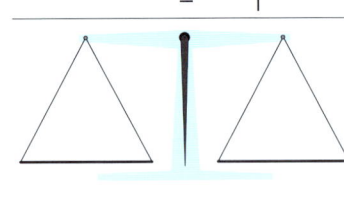

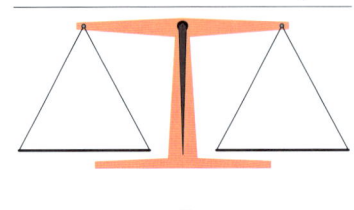

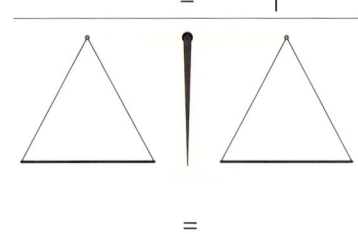

_____ =

_____ =

_____ =

2 Gib jeweils die ausgeführten Äquivalenzumformungen an.

a) $5x + 9 = 37 + x$ | ___

$4x + 9 = 37$ | ___

$4x = 28$ | ___

$x = 7$

b) $6x - 3 = 10 + x - 3$ | ___

$5x - 3 = 7$ | ___

$5x = 10$ | ___

$x = 2$

c) $9 - 5x + 6 = -10x + 10$ | ___

$15 + 5x = 10$ | ___

$5x = -5$ | ___

$x = -1$

3 Ermittle die Lösungen.

a) $7x - 5 = 16$ | ___

b) $7x + 10 - 3x = 28$ | ___

c) $13 = 5x - 3 + 3x$ | ___

4 Löse die Gleichungen.

a) $8a + 5 = 29 - 4a$			**b)** $7b + 4 + 2b = 4b + 9$		**c)** $3 + c = -3 - 2c$

5 Die folgenden Gleichungen wurden nicht richtig gelöst. Unterstreiche die Fehler.
Löse danach die Gleichungen.

a)
$$3x = -4x - 21 \quad | -4x$$
$$-x = -21 \quad | \cdot (-1)$$
$$x = 21$$

b)
$$12y + 6 = 27 + 9y \quad | -9y$$
$$3y + 6 = 27 \quad | : 3$$
$$y + 6 = 9 \quad | -6$$
$$y = 3$$

c)
$$15a - 24 = a - 4 \quad | +4$$
$$15a - 28 = a \quad | -15a$$
$$-28 = -14a \quad | : (-14)$$
$$2 = a$$

Anwenden und Vernetzen

6 Auf einem Bauernhof leben dreimal so viele Hühner wie Schweine.
Außerdem gibt es noch sechs Ziegen.
Anton hat aus Spaß die Beine aller Tiere gezählt, es sind 114.

a) Gib entsprechende Terme an.

$4x$ steht für die Anzahl der Beine der Schweine.

_____ steht für die Anzahl der Beine der Ziegen.

_____ steht für die Anzahl der Beine der Hühner.

b) Ermittle, wie viele Hühner und Schweine es auf dem Bauernhof gibt.
Hinweis: Überprüfe dein Ergebnis am Text.

Sachaufgaben systematisch lösen

▶ **Grundwissen**

Sachaufgaben kann man in sechs Schritten lösen.

Beispiel: Zwei Winkel in einem Dreieck sind 57° und 48° groß. Berechne die Größe des dritten Winkels.

1. Schritt: Variable festlegen.

_____ (steht für den dritten Winkel)

2. Schritt: Term(e) bilden.

$\alpha + 57° + 48° = \alpha + 105°$

3. Schritt: Gleichung aufstellen.

$\alpha + 105° = 180°$

4. Schritt: Gleichung lösen.

$\alpha + 105° = 180°$ | _____
$\qquad \alpha = 75°$

5. Schritt: Lösung prüfen.

$75° +$ _____

6. Schritt: Antwort formulieren.

_____

▶ **Auftrag:** Vervollständige das Beispiel.

Trainieren

1 Lege jeweils die Variable fest. Bilde Terme und stelle die Gleichung auf.

a) Wenn Moritz noch 6 € bekommt, hat er 100 €.

x steht für _____

Gleichung: _____

b) 125 Sticker wurden auf 20 Kinder verteilt. Jedes bekam gleich viele. Fünf blieben übrig. Wie viele bekam jedes Kind?

x steht für _____

Gleichung: _____

c) Beim Ausflug muss jeder Schüler 2,90 € für die Fahrkarte, 5,60 € für den Eintritt und 3,20 € für die Verpflegung zahlen. 304,20 € wurden bereits eingesammelt. Wie viele Schüler haben bereits bezahlt?

x steht für _____

Gleichung: _____

2 Noah bekommt ab 1. Januar für jeden Monat 10 € Taschengeld. Er spart jeweils ein Viertel davon. Wann hat er 20 € zusammen?
Hinweis: Überlege, wie viel er jeweils am letzten und am ersten Tag eines Monats hat.

a) Lege die Variable fest. Bilde Terme und stelle die Gleichung auf.

x steht für _____

Gleichung: _____

b) Beurteile die Antworten. Kreuze an.

Im April hat er 20 € zusammen.	☐ passende Antwort	☐ richtig	☐ falsch
Ende Februar hat er 5 € gespart.	☐ passende Antwort	☐ richtig	☐ falsch
Am 1. Mai hat er 20 € zusammen.	☐ passende Antwort	☐ richtig	☐ falsch

3 Wie alt sind die Mädchen?

In 9 Jahren bin ich doppelt so alt wie Janne jetzt.

Zusammen sind wir 57, und ich bin die Jüngste.

Ich bin Jule und 3 Jahre älter als Janne.

Jule und ich sind Zwillinge.

1. Schritt: Variable festlegen. x steht für das Alter von Janne.

2. Schritt: Terme bilden. _____ steht für das Alter des linken Mädchens.

_____ steht für das Alter der Zwillinge.

3. Schritt: Gleichung aufstellen. _____

4. Schritt: Gleichung lösen. _____

_____

_____

_____

5. Schritt: Lösung prüfen. _____

6. Schritt: Antwort formulieren. _____

Anwenden und Vernetzen

4 Berechne das Alter von Henri und Jakob.
Henri sagt: „Mein Bruder ist doppelt so alt wie ich. Mein Opa ist viermal so alt wie mein Bruder. Werden alle unsere Alter addiert und verdoppelt, so ergibt das 220 Jahre."
Jacob sagt: „Meine Mama war 22, als ich geboren wurde. Mein Vater ist 5 Jahre älter als sie und heute halb so alt wie mein Opa. Mein Opa ist 80 Jahre alt."

5 Ein rechteckiges Blatt hat einen Umfang von 48 cm. Die eine Seite ist 2 cm länger als die andere. Berechne die Seitenlängen und den Flächeninhalt des Blattes.

Prozentangaben

▶ **Grundwissen**

Brüche mit dem Nenner 100 können leicht als Dezimalzahl und in Prozentschreibweise angegeben werden.

Es gilt: $\frac{1}{100} = 0,01 = $ _____

Beispiele:

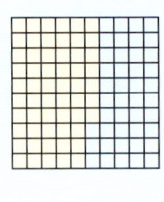

$$\frac{57}{100} = \underline{\hspace{2cm}}$$ $$\frac{4}{10} = \frac{40}{100} = \underline{\hspace{2cm}}$$ $$0,27 = \frac{27}{100} = \underline{\hspace{2cm}}$$

▶ **Auftrag:** Ergänze die Prozentangaben.

Trainieren

1 Wandle zuerst, wenn möglich, in Brüche mit dem Nenner 100 und danach in Prozentschreibweise um.

a) $0,81 = $ _____

b) $1,24 = $ _____

c) $0,\overline{2} = $ _____

d) $\frac{7}{50} = $ _____

e) $\frac{9}{25} = $ _____

f) $\frac{5}{200} = $ _____

2 Wandle in Dezimalzahlen um.

a) $77\% = $ _____

b) $83\% = $ _____

c) $0,69\% = $ _____

d) $123\% = $ _____

e) $50\% = $ _____

f) $5\% = $ _____

3 Wandle in Brüche um.

a) $7\% = $ _____

b) $15\% = $ _____

c) $2,9\% = $ _____

d) $18\% = $ _____

e) $1,3\% = $ _____

f) $257\% = $ _____

4 Ergänze.
Hinweis: Rechne wenn nötig auf einem zusätzlichen Blatt.

Bruch	$\frac{1}{100}$			$\frac{1}{2}$	
Dezimalzahl		0,1	0,25		0,75
Prozentschreibweise			20 %		100 %

5 Vergleiche.

a) 50% ☐ $0,51$

b) 75% ☐ $0,57$

c) 3% ☐ $0,03$

d) 99% ☐ 1

e) 150% ☐ $0,15$

f) $0,17\%$ ☐ $1,7$

g) $1,05\%$ ☐ $0,015$

h) 45% ☐ $0,054$

i) $\frac{1}{2}$ ☐ 20%

j) $\frac{2}{20}$ ☐ 10%

k) 2 ☐ 300%

l) $0,99$ ☐ $9,9\%$

m) $\frac{12}{16}$ ☐ 75%

n) $\frac{9}{10}$ ☐ 80%

o) $\frac{7}{20}$ ☐ 40%

p) $\frac{1}{5}$ ☐ 10%

6 Färbe jeweils den angegebenen Anteil der Fläche ein.

 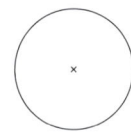 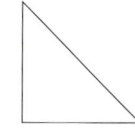 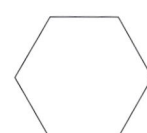 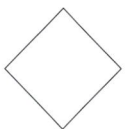 

75 %   25 %   50 % $16\frac{2}{3}$ %   125 %   70 %

7 Wie viel Prozent der Fläche sind jeweils eingefärbt?

 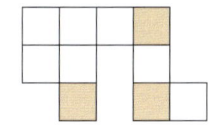 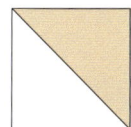 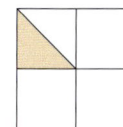 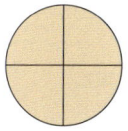 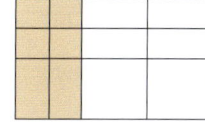

_____   _____   _____   _____   _____   _____

8 Gib die Anteile in Prozent an.

a) 7 m von 70 m sind _____   **b)** 6 Sitze von 300 Sitzen sind _____   **c)** 4 Autos von 1 000 Autos sind _____

Anwenden und Vernetzen

9 Wer war beim Korbwurf erfolgreicher?

Team A	Würfe	Treffer	Anteil	Platz
Anna	17	9		
Tim	8	5		
Jim	19	11		
Ina	22	13		
Lea	7	5		

Team B	Würfe	Treffer	Anteil	Platz
Leo	13	11		
Carl	9	7		
Pia	20	13		
Hans	12	10		
Uta	26	17		

a) Ermittle, welchen Platz jeder in seinem Team belegte.

b) Welches Team war besser?

_____

_____

c) Pia möchte, dass mindestens 80 % ihrer Würfe Treffer werden.
Wie viele Treffer sollte sie demzufolge mindestens schaffen?

_____

Begriffe der Prozentrechnung

▶ **Grundwissen**

In der Prozentrechnung unterscheidet man zwischen

Prozentsatz $p\%$,	Prozentwert W	und	Grundwert G.
(Anteil eines Ganzen)	(Größe eines Anteils)		(Größe eines Ganzen)

Beispiele:

Wie viel Prozent sind 7 Schüler von 20 Schülern?	Ermittle 16% von 50 Schülern.	50 Schüler sind bereits angemeldet. Das sind 20%. Gib die Gesamtzahl an.

• Berechnung mit Dreisatz:

Schüler	Anteil ($p\%$)
20	100%
1	5%
7	35%

: 20 · 7 (links)   : 20 · 7 (rechts)

Anteil ($p\%$)	Schüler
100%	50
1%	0,5
16%	8

: 100 · 16 (links)   : 100 · 16 (rechts)

Anteil ($p\%$)	Schüler
20%	50
1%	2,5
100%	250

: 20 · 100 (links)   : 20 · 100 (rechts)

• Berechnung mit Formeln:

$$p\% = \frac{W}{G} \qquad\qquad W = \frac{p \cdot G}{100} \qquad\qquad G = \frac{W \cdot 100}{p}$$

$$p\% = \underline{\hspace{4cm}} \qquad W = \underline{\hspace{4cm}} \qquad G = \underline{\hspace{4cm}}$$

▶ **Auftrag:** Ergänze die Berechnungen mit Formeln.

Trainieren

1 Berechne die Prozentsätze.

a) 3 cm von 15 cm sind _____

b) 15 kg von 60 kg sind _____

c) 9 € von 36 € sind _____

d) 18 cm von 50 cm sind _____

e) 0,2 kg von 20 kg sind _____

f) 0,50 € von 20 € sind _____

2 Berechne die Prozentwerte.

a) 25% von 40 € sind _____

b) 7% von 20 kg sind _____

c) 75% von 200 m sind _____

d) 30% von 80 cm sind _____

e) 11% von 25 € sind _____

f) 2,5% von 10 cm sind _____

3 Berechne die Grundwerte.

a) 10% von _____ sind 3 €.

b) 11% von _____ sind 11 kg.

c) 20% von _____ sind 50 m.

d) 13% von _____ sind 26 cm.

e) 7% von _____ sind 3,5 g.

f) 3,1% von _____ sind 6,2 g.

4 Berechne die fehlenden Größen mithilfe der Formeln.
Runde die Ergebnisse auf die zweite Stelle nach dem Komma.

W		895 m	78,50 €	76,1 t	831 m			17,8 ml	1 312 g
$p\%$	5%		119%	47%		96%	0,98	12%	
G	790 l	5 267 m			1 432 m	16,3 ha	8,2 s		65 600 g

5 Die Länge des schwarzen Rahmens stellt den Grundwert dar. Vervollständige die Angaben bzw. die Abbildungen.

a) Die Länge verringerte sich auf _____

b) Die Länge erhöhte sich auf 110%.

c) Die Länge nahm um 25% ab.

d) Die Länge nahm um _____ zu.

6 Entscheide, ob ein Anstieg auf 110% oder ein Anstieg um 110% dargestellt wurde.

| 40 mm | | 40 mm |

Anstieg _____ 110%.   Anstieg _____ 110%.

7 Berechne die fehlenden Größen.
Hinweis: Rechne wenn nötig auf einem zusätzlichen Blatt.

alter Preis	120,00 €	70,00 €		5,50 €	600,00 €	450,00 €
Verminderung um …	–					
Vermehrung um …	3%		100%			
neuer Preis	123,60 €	35,00 €	18,00 €			
Wachstumsfaktor	103%		75%		110%	90%

Anwenden und Vernetzen

8 Was meinst du zu den Überlegungen des Radiokäufers?

_____

_____

_____

_____

9 Lina und Marie sind auf der Suche nach neuen Handys.
Sie wollen sich dasselbe Modell mit verschiedenen Oberschalen preisgünstig kaufen.
Lina prahlt: „Mein Händler reduziert für uns den Handypreis um 30%. Erst sollte eins 169 € kosten."
Marie sagt: „Mein Angebot ist günstiger. Es wurde um 35% reduziert. Das Handy kostete vorher 185 €."
Was meinst du dazu?
Zusatzaufgabe: Erkläre, wie Marie zu dieser Behauptung kommen kann.

Sachaufgaben zur Prozentrechnung

▶ **Grundwissen**

Schrittfolge beim Lösen von Sachaufgaben zur Prozentrechnung.
1. Schritt: Überlege, was der Grundwert, was der Prozentwert bzw. was der Prozentsatz ist.
2. Schritt: Entscheide dich für einen Lösungsweg und berechne dementsprechend das Ergebnis.
3. Schritt: Überprüfe, ob dein Ergebnis stimmen kann. Passt es zum Überschlag und zum Aufgabentext?
4. Schritt: Formuliere einen sinnvollen Antwortsatz.

▶ **Auftrag:** Unterstreiche je Schritt höchstens drei wichtige Wörter.

Trainieren

1 Unterstreiche jeweils den Grundwert, den Prozentwert und den Prozentsatz. Lege zuvor Farben fest.

☐ Grundwert ☐ Prozentwert ☐ Prozentsatz

a) Eine Gurke ist 550 g schwer und besteht zu ca. 90 % aus Wasser. Welche Masse Wasser enthält sie demzufolge?

b) Jeden Tag sind durchschnittlich 5 % der 29 Schülerinnen und Schüler einer siebten Klasse krank.
Mit wie vielen Kranken ist demzufolge im Durchschnitt zu rechnen?

c) Von den 1 320 Schülerinnen und Schülern einer Schule gehören 165 der siebten Jahrgangsstufe an.
Wie viel Prozent sind das?

d) Der Preis eines 59,99 € teuren Trikots wird um 25 Prozent reduziert. Wie viel kostet es nach der Reduzierung?

e) Zwölf Schülerinnen und Schüler planen eine Abschlussfeier. Das sind fünf Prozent aller Teilnehmer.
Wie viele Personen nehmen an dieser Feier teil?

f) Bei einer Kontrolle der Polizei wurden insgesamt 750 Fahrräder überprüft. 435 der Räder wiesen kleine Mängel auf und 15 Räder wurden wegen schwerer Mängel aus dem Verkehr gezogen.
Wie viel Prozent der Fahrräder wiesen insgesamt Mängel auf? Wie viel Prozent wurden aus dem Verkehr gezogen?

2 Bewerte jeweils die Antwortsätze zu den Teilaufgaben von Aufgabe 1.
Entscheide dazu, ob das Ergebnis der Rechnung richtig ist und ob die Antwort zum Aufgabentext passend ist.
zu a)
Rund 500 g der Gurke sind Wasser.
☐ richtig ☐ falsch ☐ passend ☐ nicht passend
Genau 495 g einer 550 g schweren Gurke sind Wasser.
☐ richtig ☐ falsch ☐ passend ☐ nicht passend
zu b)
Im Durchschnitt gibt es ein bis zwei Kranke.
☐ richtig ☐ falsch ☐ passend ☐ nicht passend
Es ist mit 1,45 Kranken zu rechnen.
☐ richtig ☐ falsch ☐ passend ☐ nicht passend
zu c)
$\frac{1}{8}$ der Schülerinnen und Schüler einer Schule gehören der siebten Jahrgangsstufe an.
☐ richtig ☐ falsch ☐ passend ☐ nicht passend
12,5 % der Schülerinnen und Schüler einer Schule gehören der siebten Jahrgangsstufe an.
☐ richtig ☐ falsch ☐ passend ☐ nicht passend
zu d)
Es kostet nach der Reduzierung 41,67 €.
☐ richtig ☐ falsch ☐ passend ☐ nicht passend
Es kostet nach der Reduzierung 44,9925 €.
☐ richtig ☐ falsch ☐ passend ☐ nicht passend
zu e)
240 Personen nehmen an dieser Feier teil.
☐ richtig ☐ falsch ☐ passend ☐ nicht passend
42 Gäste werden zur Feier erwartet.
☐ richtig ☐ falsch ☐ passend ☐ nicht passend

3 Formuliere zur dargestellten Situation zwei Aufgaben und löse diese.
Hinweis: Kontrolliert die Ergebnisse gegenseitig.

_____

_____

_____

_____

_____

_____

Anwenden und Vernetzen

4 Was halten Jugendliche von neuen Handys?
Handys sind heute viel mehr als nur ein mobiles Telefon. Zahlreiche Modelle verfügen über einen Taschenrechner, eine Kamera, einen MP3-Player …
Viele der Jugendlichen zwischen 14 und 24 Jahren sind davon überzeugt, dass sie auf ein eigenes Handy nicht verzichten können. Für 7 von 10 – das waren 959 Befragte – ist die tägliche Nutzung selbstverständlich.
256 sind der Meinung: Wer kein Handy hat, ist isoliert, weil man sie oder ihn beispielsweise nicht immer erreichen kann und spontane Verabredungen somit oft nicht möglich sind. Etwa jeder Dritte besaß in den letzten zwei Jahren unterschiedliche Handys. Obwohl mehr als 75 % mehr Vor- als Nachteile in der Handynutzung sehen, befürchten ca. $\frac{2}{3}$ aller Befragten gesundheitliche Schäden beispielsweise durch falsche bzw. zu lange Nutzung.
Mehrere Antworten waren möglich.

a) Für wie viel Prozent der Befragten ist die tägliche Nutzung des Handys selbstverständlich?

_____

b) Wie viele Personen wurden befragt?

_____

c) Wie viele sehen mehr Vorteile als Nachteile in der Handynutzung?

_____

d) Wie viele der Befragten besaßen in den letzten zwei Jahren unterschiedliche Handys?

_____

e) Wie viel Prozent der Befragten befürchten gesundheitliche Schäden aufgrund der Handynutzung?

_____

f) Wie viele Befragte befürchten keine Gesundheitsschäden?

_____

Begriffe der Zinsrechnung

▶ **Grundwissen**

In der Zinsrechnung sind die Bezeichnungen anders als in der Prozentrechnung, man unterscheidet zwischen
Zinssatz $p\%$ (p. a.), Jahreszinsen Z und Kapital K.
(Prozentsatz $p\%$) (Prozentwert W) (Grundwert G)

Beispiele:

| Für das Leihen von 200 € sind nach einem Jahr 40 € zu zahlen. Berechne den Zinssatz. | Der Zinssatz für geduldete Überziehung beträgt 12 %. Berechne die Jahreszinsen für 50 €. | 50 € Zinsen wurden nach einem Jahr gezahlt. Der Zinssatz war 2 % p. a. Berechne das Anfangskapital. |

• Berechnung mit Dreisatz:

Betrag in €	Anteil ($p\%$)
200	100 %
1	0,5 %
40	20 %

: 200 ↓ : 200 · 40 ↓ · 40

Anteil ($p\%$)	Betrag in €
100 %	50
1 %	0,5
12 %	6

: 100 ↓ : 100 · 12 ↓ · 12

Anteil ($p\%$)	Betrag in €
2 %	50
1 %	25
100 %	2 500

: 2 ↓ : 2 · 100 ↓ · 100

• Berechnung mit Formeln:

$p\% =$ _____ $Z =$ _____ $K =$ _____

$p\% =$ _____ $Z =$ _____ $K =$ _____

▶ **Auftrag:** Ergänze die Formeln und die Berechnungen mit Formeln.

Trainieren

1 Ergänze die Zinssätze, die Jahreszinsen bzw. das Kapital.

a) Frau Arndt leiht sich für ein Jahr 50 € und zahlt dafür 3,00 € Zinsen bei einem Zinssatz von _____

b) Frau Clas legt für ein Jahr 4 000 € an und erhält dafür 128,00 € Zinsen bei einem Zinssatz von _____

c) Herr Drake leiht sich für ein Jahr 800 € zu einem Zinssatz von 12,5 % p. a. Seine Jahreszinsen betragen _____

d) Herr Ernst leiht sich für ein Jahr 300 € zu einem Zinssatz von 11,5 % p. a. Seine Jahreszinsen betragen _____

e) Frau Genz zahlte bei einen Zinssatz von 10 % nach einem Jahr 200 € Zinsen. Sie lieh sich demnach _____

f) Herr John erhielt bei einen Zinssatz von 1,53 % nach einem Jahr 30,60 € Zinsen. Er legte demnach _____ an.

2 Ergänze die Tabelle.

Z		900 €	456,75 €	565,11 €		121,75 €	0,12 €
K	4 000 €		8 700 €		7 860 €		137,50 €
$p\%$	13 %	7,5 %		13,5 %	0,5 %	0,25 %	

3 Färbe je zwei gleichartige Formeln gleich ein.

$p\% = \frac{Z}{K}$ $Z = \frac{p \cdot K}{100}$ $p\% = \frac{G}{W}$

$G = \frac{W \cdot 100}{p}$ $K = \frac{Z \cdot 100}{p}$ $W = \frac{p \cdot G}{100}$

4 Bankgeschäfte

a) Frau Schmidt erhielt nach einem Jahr 12,20 € Zinsen für 500 €.
   Herr Len bekam bei einer anderen Bank nach einem Jahr 19,52 € Zinsen für 800 €.
   Wer hatte den höheren Zinssatz?

   _____

   _____

b) Frau Bag legt Geld stets für ein Jahr an. Sie lässt sich jeweils am Ende der Laufzeit die Zinsen zusammen mit dem
   Anfangskapital auszahlen.
   Dieses Jahr bekam sie 74,75 € Zinsen bei 2,3 % p. a. und im letzten Jahr waren es 72,00 € bei 2,4 % p. a.
   Wie viel hatte sie in den beiden Jahren angelegt?

   _____

   _____

c) Herr Reiner leiht sich für ein Jahr 2 599 € für 5,8 % p. a.
   Berechne den Betrag, der nach einem Jahr an die Bank zu zahlen ist.

   _____

   _____

5 Ergänze die Sätze.
   Hinweis: Prüfe jeweils, ob das Ergebnis stimmen kann, indem du damit eine gegebene Angabe berechnest.

a) Jana hat 560 € auf ihrem Konto. Sie erhält 3,1 % Zinsen p. a. Nach einem Jahr sind _____ auf dem Konto.

b) Familie Krüger hat einen Kredit für 7,2 % Zinsen p. a. 108,00 € Zinsen zahlen sie nach einem Jahr für _____

c) Der Zinssatz bei der X-Bank beträgt _____ p. a. und die nach einem Jahr zu zahlenden Zinsen 50,40 € bei

   einer Kreditsumme von 1 000 €. Die Bearbeitungsgebühr ist 1 %. Sie wird auf die Kreditsumme aufgeschlagen.

Anwenden und Vernetzen

6 Profitieren auch Sie von den Gewinnchancen der Börse mit Ihrem
Sparkonto. Sie legen Ihr Geld für ein Jahr fest bei uns an. Wir gewähren
Ihnen dafür einen Basiszins von einem Prozent.
Wenn die Börse zum Wochenende im Plus schließt (also um einige Prozent
gestiegen ist), verzinsen wir Ihren Anlagebetrag zusätzlich mit dem
gleichen Prozentsatz für diese sieben Tage rückwirkend am Jahresende,
jedoch mit maximal 5 % zu Ihren garantierten 1 %.
Wenn die Börse Verluste macht, bekommen Sie nur den Basiszins.
                                                    Ihre dadada-Bank

a) Mit welchem Zinssatz kann ein Anleger maximal rechnen? _____

b) Man kann sein Geld auch für 3 % p. a. anlegen. Ist dies eine interessante Alternative?

   _____

c) Der Börsenkurs ist in einem Jahr um 22 % gestiegen. Erläutere die Entwicklung des Sparguthabens.

   _____

   _____

Zinsen für unterschiedliche Anlagedauern

► **Grundwissen**

Durch Multiplizieren der Zinsen für ein Jahr mit dem Anteil des Jahres, für den Zinsen zu zahlen sind, erhält man Zinsen für unterschiedliche Anlagedauern. Oft gilt: 1 Monat = 30 Tage; 1 Jahr = 360 Tage.

Beispiel: 2000 € werden mit 3 % p. a. verzinst.

- Zinsen für ein Jahr: $Z = \frac{p \cdot K}{100}$ Zinsen für _____ $Z = \frac{3 \cdot 2000\,€}{100} = 60\,€$

- Zinsen für d Tage: $Z_d = \frac{p \cdot K}{100} \cdot \frac{d}{360}$ Zinsen für _____ $Z = \frac{3 \cdot 2000\,€}{100} \cdot \frac{60}{360} = 60\,€ \cdot \frac{1}{6} = 10\,€$

- Zinsen für m Monate: $Z_m = \frac{p \cdot K}{100} \cdot \frac{m}{12}$ Zinsen für _____ $Z = \frac{3 \cdot 2000\,€}{100} \cdot \frac{4}{12} = 60\,€ \cdot \frac{1}{3} = 20\,€$

► **Auftrag:** Ergänze im Beispiel die Anlagedauern.

► **Trainieren**

1 Ergänze die Tabelle.

a) 10 000,00 € werden mit 3 % p. a. unterschiedlich lange verzinst. Berechne die Zinsen.
Hinweis: Überlege, wie man mit geringem Aufwand schnell zu den Ergebnissen kommt.

Kapital	10 000,00 €	10 000,00 €	10 000,00 €	10 000,00 €	10 000,00 €	10 000,00 €
Zinssatz p. a.	3 %	3 %	3 %	3 %	3 %	3 %
Anlagedauer	1 Jahr	30 Tage	72 Tage	3 Monate	5 Monate	halbes Jahr
Zinsen						

b) Berechne die Zinsen.

Kapital	7 500,00 €	7 400,00 €	2 500,00 €	2 500,00 €	750,00 €	500,00 €
Zinssatz p. a.	2 %	2,5 %	3,25 %	8 %	11,5 %	16,2 %
Anlagedauer	90 Tage	90 Tage	330 Tage	2 Monate	7 Monate	viertel Jahr
Zinsen						

2 Verbinde mit Linien mindestens zwei zusammenpassende Angaben zu Kapital, Zinssatz, Anlagedauer und Zinsen.
Hinweis: Fünf zusammenpassende Angaben sind zu finden.

Kapital	1 500,00 €	4 500,00 €	800,00 €	2 500,00 €	900,00 €	2 000,00 €
Zinssatz p.a.	12,2 %	5 %	2,5 %	3,25 %	12,5 %	0,5 %
Anlagedauer	viertel Jahr	90 Tage	90 Tage	144 Tage	2 Monate	2 Monate
Zinsen	45,75 €	25,00 €	45,00 €	1,67 €	7,50 €	116,67 €

3 Eine Bank bietet einen Zinssatz von 3,5 %, wenn 10 000,00 € für 3,5 Jahre angelegt werden.
Jeder Kunde kann entscheiden, ob seine Zinsen am Ende jedes Jahres ausgezahlt werden oder erst nach 3,5 Jahren.
Ergänze die Tabellen und berechne den Unterschied der insgesamt ausgezahlten Zinsen.

Zinsen werden am Ende jedes Jahres ausgezahlt		
	Zinsen	Kapital
Anfang		10 000,00 €
1 Jahr	350,00 €	
2 Jahre		
3 Jahre		
3,5 Jahre		

Zinsen werden erst nach 3,5 Jahren ausgezahlt		
	Zinsen	Kapital
Anfang		10 000,00 €
1 Jahr	350,00 €	
2 Jahre		
3 Jahre		
3,5 Jahre		

Anwenden und Vernetzen

4 Herr Zukunft hat ein Sparbuch mit gestaffelten Zinssätzen.
Am 1. Januar eines Schaltjahres (366 Tage) waren 5 850,00 € auf seinem Sparbuch.
Am 28. März hat er 890,00 € abgehoben und am 20. Dezember 1 980,00 €.
Am 7. Mai wurden 4 570,00 € eingezahlt, am 14. August 740,00 € und am 12. Oktober 580,00 €.

Berechne taggenau $\left(\frac{x}{366}\right)$ das Guthaben von Herrn Zukunft am 1. Januar des Folgejahres.

Zinssatz p. a.	Kapital
1,50 %	unter 1 000,00 €
2,00 %	über 1 000,00 € bis 5 000,00 €
2,50 %	über 5 000,00 € bis 10 000,00 €
2,75 %	über 10 000,00 € bis 20 000,00 €
3,00 %	über 20 000,00 € bis 50 000,00 €
3,50 %	über 50 000,00 €

Zeitraum	Kapital	Anlagezeit	Zinssatz p. a.	Zinsen
1. Januar bis 27. März	5 850,00 €	87 d	2,50 %	34,76 €

Prismen erkennen und beschreiben

▶ **Grundwissen**

Ein Prisma hat folgende Eigenschaften:
- Die Grund- und Deckfläche sind zueinander kongruente und parallele n-Ecke.
- Die Seitenflächen sind Rechtecke.
- Der Abstand zwischen Grund- und Deckfläche ist die Körperhöhe des Prismas.

Beispiel:

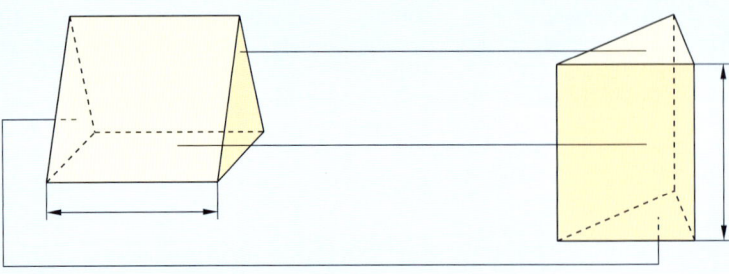

▶ **Auftrag:** Ergänze die Bezeichnungen auf den Linien.

Trainieren

1 Prismen?

a) Kreuze in den Tabellen die Prismen an.

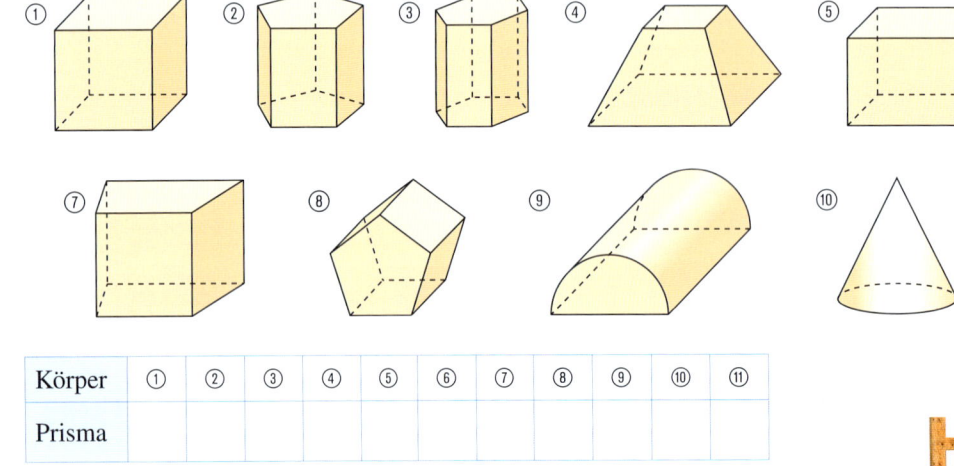

Körper	①	②	③	④	⑤	⑥	⑦	⑧	⑨	⑩	⑪
Prisma											

b) Welche der Buchstaben im Bild haben die Form eines Prismas?

Körper	H	O	L	Z	T	E	C	H	N	I	K
Prisma											

2 Welche der folgenden Flächen können die Grundfläche eines Prismas sein? Markiere sie.

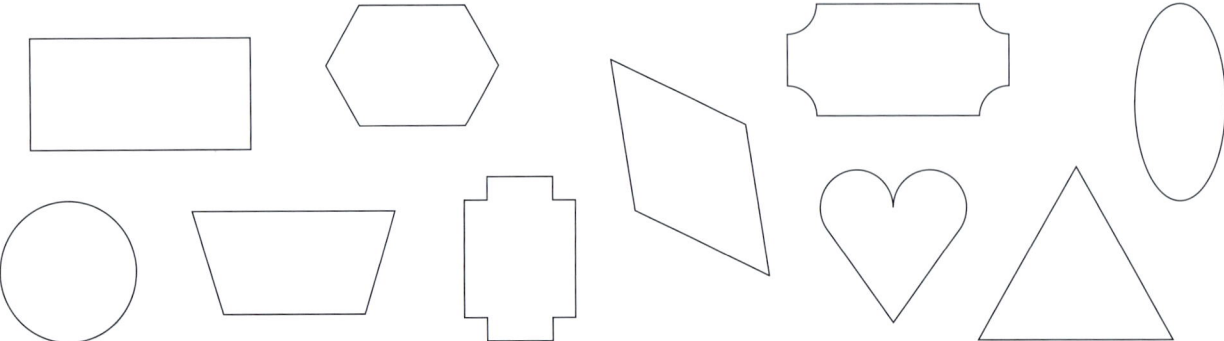

3 Netze

a) Markiere in den Abbildungen, die Netze von Prismen sind, die Seitenflächen sowie die Grund- und die Deckfläche. Lege zuvor Farben fest.   ☐ Seitenflächen   ☐ Grund- und Deckfläche

b) Gib in der Zeichnung die Höhe der Prismen an.

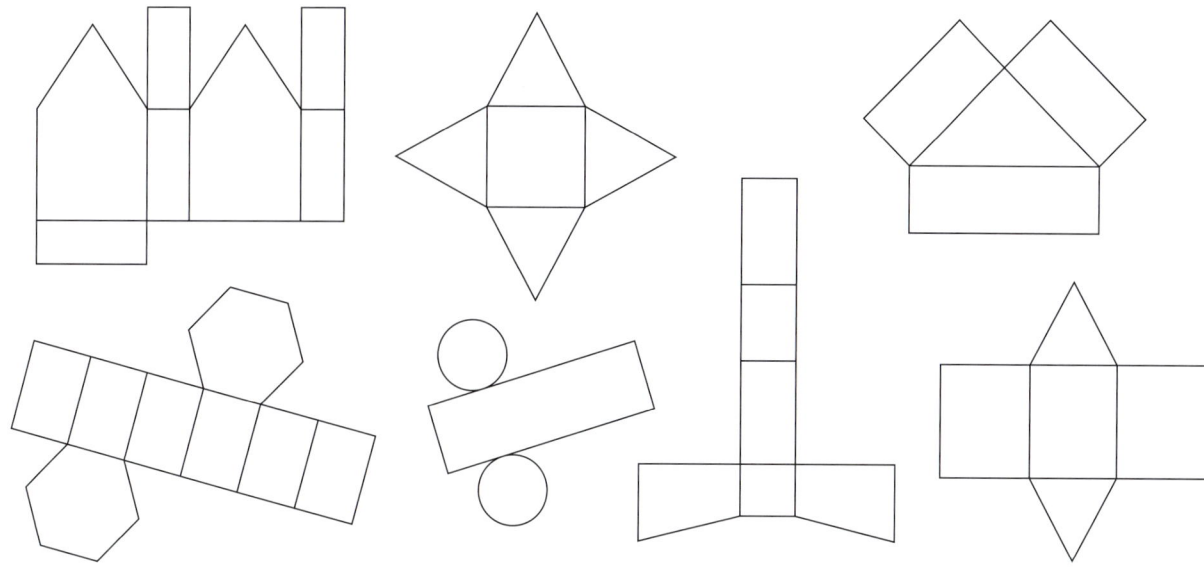

Anwenden und Vernetzen

4 Quaderförmige Holzstücke sind das Ausgangsmaterial für neue Körper. Zeichne jeweils in das Schrägbild des Quaders die neuen Körper ein.

a) halb so großes, genauso hohes stehendes Prisma mit rechtwinkligem Dreieck als Grundfläche

b) halb so großes, genauso hohes liegendes Prisma mit rechtwinkligem Dreieck als Grundfläche

c) halb so großes, genauso hohes liegendes Prisma mit Trapez als Grundfläche

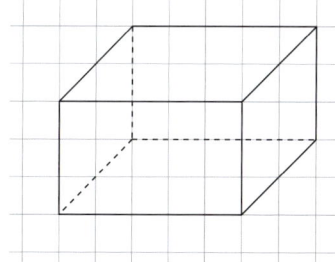   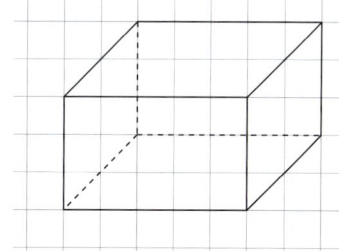   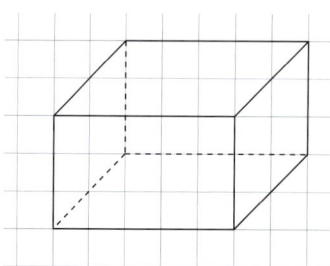

5 Ergänze die Tabelle und skizziere jeweils ein Schrägbild des Körpers.

| Körper | Anzahl der ... | | | Art der Begrenzungsflächen |
	Ecken	Kanten	Flächen	
①				sechs Rechtecke, von denen jeweils genau zwei zueinander kongruent sind
②				zwei zueinander kongruente Dreiecke und drei zueinander kongruente Rechtecke
③				sechs zueinander kongruente Vierecke

①

②

③

Oberfläche von Prismen

▶ Grundwissen

- Die Oberfläche eines Prismas besteht aus dem Mantel M, der Grund- und der Deckfläche G.
- Für den Flächeninhalt vom Mantel M gilt: $M = S_1 + S_1 + \ldots + S_n = u \cdot h_k$
- Für den Oberflächeninhalt O gilt: $O = 2G + M$

Beispiel:

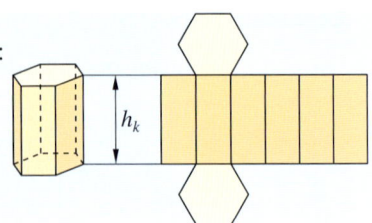

▶ **Auftrag:** Ergänze die Bezeichnungen M und G in der Abbildung.

Trainieren

1

a) Markiere entsprechende Flächen und Strecken. Lege zuvor Farben fest.

☐ Mantel M ☐ Grund- und Deckfläche G
☐ Körperhöhe h_k ☐ Umfang der Grundfläche u

b) Ermittle die Größen.

	h_k	u	M	G	O
dreiseitiges Prisma					
achtseitiges Prisma					

2 Gib die Oberflächeninhalte auf volle Quadratzentimeter gerundet an. Miss die benötigten Größen in den Körpernetzen.

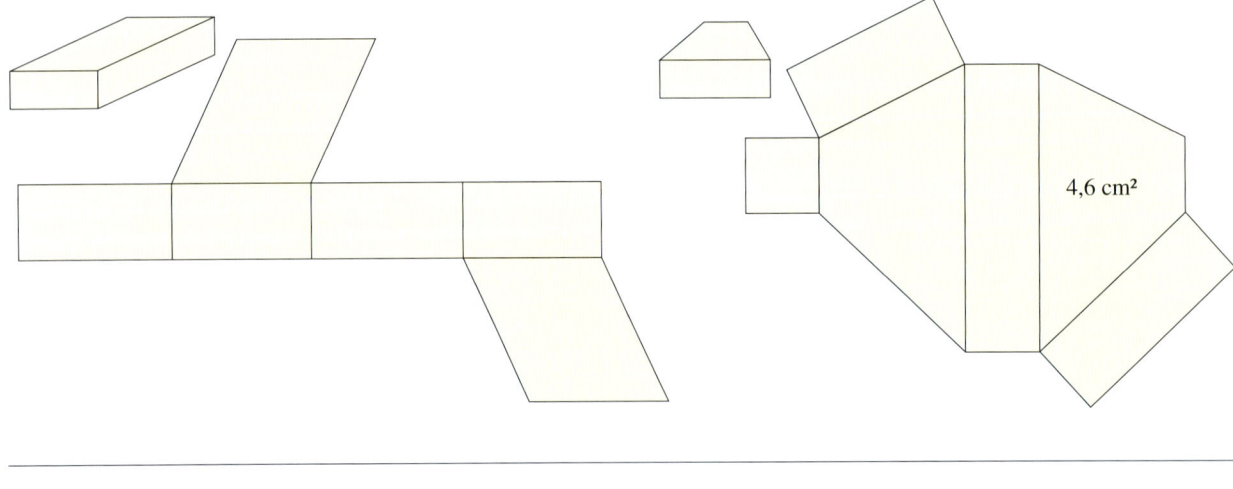

4,6 cm²

3 Die Grundflächen von 2 cm hohen Prismen wurden im Maßstab 1 : 1 abgebildet. Ergänze die Tabelle.
Hinweis: Rechne auf einem zusätzlichen Blatt.

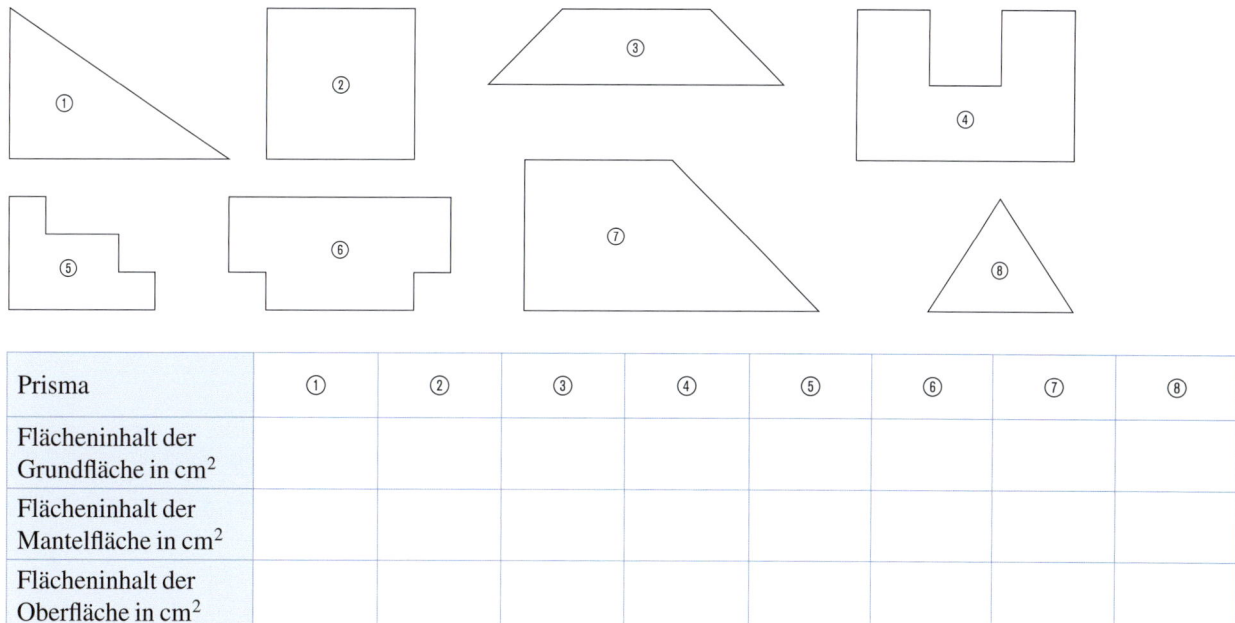

Prisma	①	②	③	④	⑤	⑥	⑦	⑧
Flächeninhalt der Grundfläche in cm²								
Flächeninhalt der Mantelfläche in cm²								
Flächeninhalt der Oberfläche in cm²								

Anwenden und Vernetzen

4 Abgebildet sind zwei Grundflächen von 3 cm hohen Prismen.

a) Ergänze sie zu Schrägbildern.
Hinweis: Trage nach hinten verlaufende Kanten in einem Winkel von 45°
und in halber Länge an.

b) Ermittle die Größe der Oberflächen. Runde auf Quadratzentimeter.

dreiseitiges Prisma: _____

_____

_____

vierseitiges Prisma: _____

_____

_____

5 Zwei Eisenstützen für einen neuen Balkon sind 2,70 m lang. Sie haben die rechts
abgebildete Grundfläche. Vor dem Einbau soll ihre Oberfläche mit Rostschutzmittel
gestrichen werden. Die im Fachhandel angebotenen unterschiedlich großen Dosen
reichen für 1,5 m² bzw. für 2 m².
Wie viele Dosen jeder Sorte sollten gekauft werden?

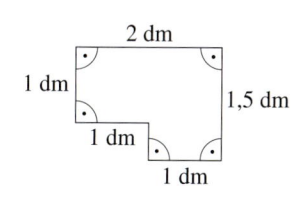

_____

_____

_____

Volumen von Prismen

▶ **Grundwissen**

Das Volumen V eines Prismas ist das Produkt des
Flächeninhalts der Grundfläche G und der Körperhöhe h_k.

$V = G \cdot h_k$

Beispiel:

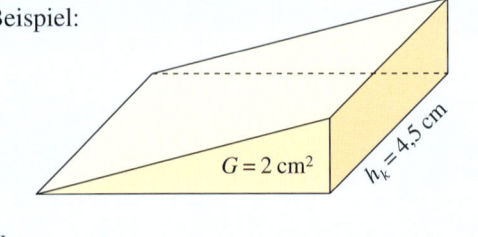

$V =$ _____

▶ **Auftrag:** Berechne das Volumen des Prismas.

Trainieren

1 Abgebildet sind Grundflächen von 4 cm hohen Prismen.

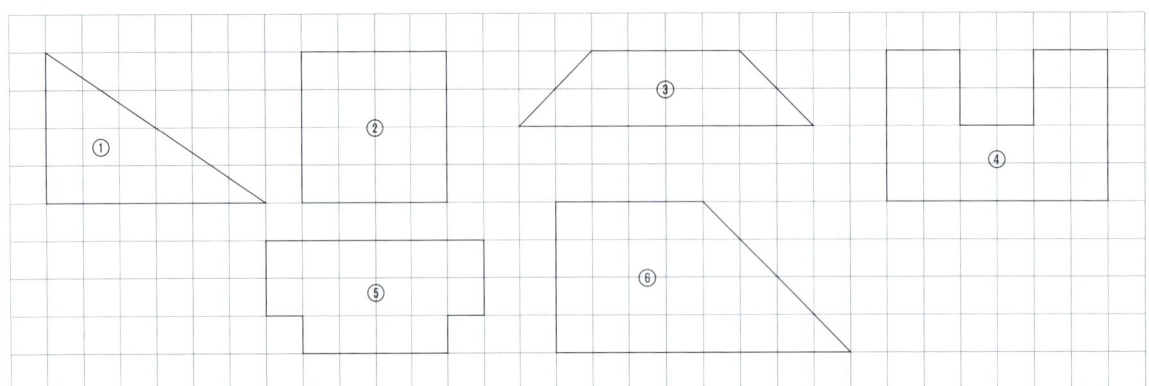

a) Ermittle die Flächeninhalte der Grundflächen mithilfe der Kästchen und berechne die Volumen.

Körper	①	②	③	④	⑤	⑥
Flächeninhalt der Grundfläche						
Körperhöhe	4 cm	4 cm	4 cm	4 cm	4 cm	4 cm
Volumen						

b) Ein Prisma soll jeweils die abgebildete Grundfläche und ein Volumen von 24 cm³ haben.
Ergänze die Flächeninhalte der Grundflächen und ermittle die Körperhöhen.

Körper	①	②	③	④	⑤	⑥
Flächeninhalt der Grundfläche						
Körperhöhe						
Volumen	24 cm³	24 cm³	24 cm³	24 cm³	24 cm³	24 cm³

c) Ergänze jeweils die fehlende Größe des Prismas.

Flächeninhalt der Grundfläche	4 m²	4 mm²	1,2 dm²	15 cm²		
Körperhöhe	2,5 m	17 mm			0,8 dm	1,3 m
Volumen			9,6 dm³	31,5 cm³	0,32 dm³	1,69 m³

2 Berechne den Flächeninhalt der Grundfläche G und das Volumen V.

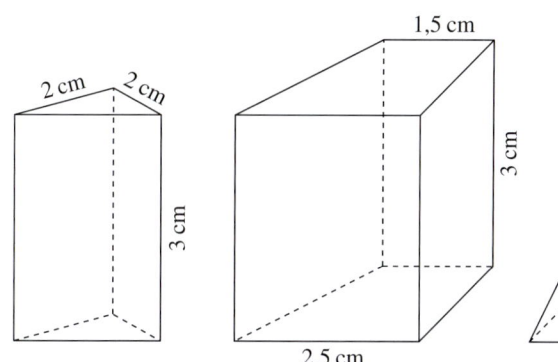

$G =$ _____

$G =$ _____

$G =$ _____

$G =$ _____

_____

_____

_____

_____

$V =$ _____

$V =$ _____

$V =$ _____

$V =$ _____

Anwenden und Vernetzen

3 Überschlage, wie viel Luft das abgebildete Zelt fasst.
Kreuze an.

☐ $0{,}4\,\text{m}^3$ ☐ $0{,}8\,\text{m}^3$ ☐ $4\,\text{m}^3$ ☐ $10\,\text{m}^3$

☐ $15\,\text{m}^3$ ☐ $400\,\text{dm}^3$ ☐ $800\,\text{dm}^3$ ☐ $10\,000\,\text{dm}^3$

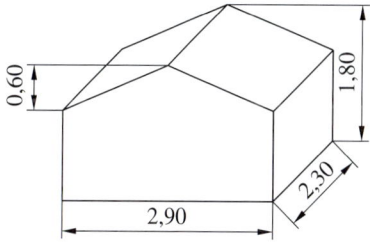

4 Aus einem quaderförmigen Styroporteil mit 1,5 cm, 4 cm und 6 cm langen Kanten wurden Teile ausgestanzt.
Der fertige Körper ist im Bild dargestellt.

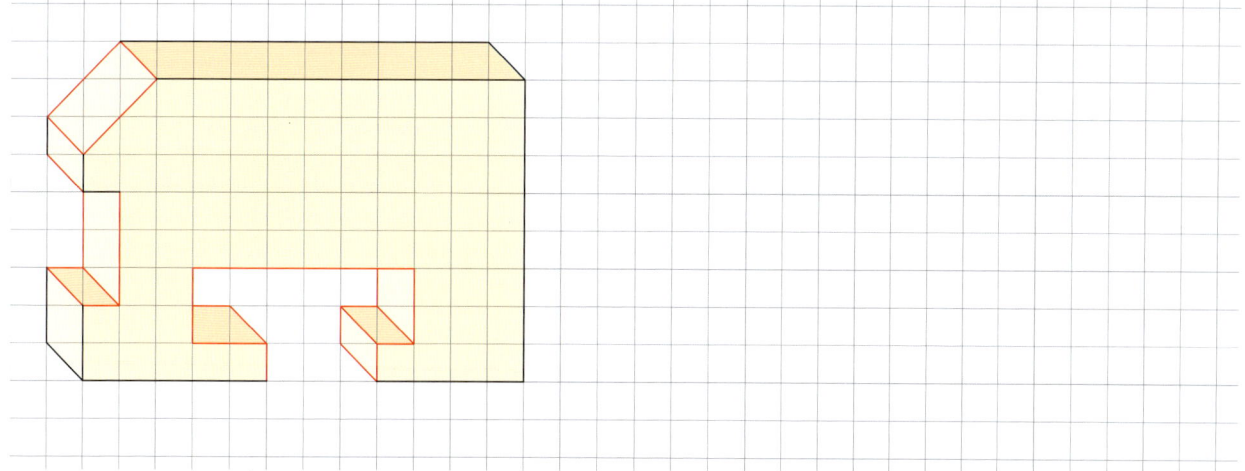

a) Zeichne jeweils ein Schrägbild von jedem der drei ausgestanzten Teile rechts neben den fertigen Körper.

b) Berechne die Volumen der drei ausgestanzten Teile und des fertigen Körpers.

dreiseitiges Prisma: $V =$ _____

vierseitiges Prisma: $V =$ _____

achtseitiges Prisma: $V =$ _____

fertiger Körper: $V =$ _____

Klammern auflösen und setzen

▶ **Grundwissen**

Verteilungsgesetz (Distributivgesetz): Man kann eine Zahl mit einer Summe multiplizieren, indem man diese Zahl mit jedem Summanden multipliziert und die Produkte addiert.
Dieses Gesetz kann auch in umgekehrter Richtung angewandt werden.

Verteilungsgesetz: $a \cdot (b + c) = a \cdot b + a \cdot c$ Umkehrung: $a \cdot b + a \cdot c = a \cdot (b + c)$

Beispiele: $2 \cdot (10 + 7) =$ _____ $2 \cdot 10 + 2 \cdot 7 =$ _____

              $-2 \cdot (b + c) =$ _____ $-2b - 2c =$ _____

              $(b + c) \cdot 2x =$ _____ $2bx + 2cx =$ _____

▶ **Auftrag:** Vervollständige die Beispiele.

Trainieren

1 Setze „=" bzw. „≠" ein und unterstreiche gegebenenfalls im rechten Term den Fehler.

a) $2 \cdot (6 + 4)$ ☐ $2 \cdot 6 + 2 \cdot 4$ b) $k \cdot (6 + 4)$ ☐ $4k + 6k$ c) $2k - 8sk$ ☐ $2k(1 - 4s)$ d) $3x - 2sx$ ☐ $\frac{1}{2}x(6 - 4s)$

e) $2a + 5b$ ☐ $2 \cdot (a - b)$ f) $-2k \cdot (3 + 4)$ ☐ $-6k + 8k$ g) $2sk - 4s$ ☐ $2sk(1 - 4)$ h) $-\frac{1}{2}y(-6 - s)$ ☐ $3y + \frac{1}{2}sy$

i) $2 + 6b$ ☐ $2 \cdot (1 - 3b)$ j) $2k(1 + 2s) \cdot 2$ ☐ $4k + 8sk$ k) $6sk - 4ks$ ☐ $2sk(3 - 1)$ l) $-\frac{1}{2}y + sy$ ☐ $y\left(s - \frac{1}{2}\right)$

2 Setze wie bei Teilaufgabe **a** in beiden Termen für jeweils jede Variable eine andere Zahl ein. Prüfe, ob die Ergebnisse gleich sind.

☐ 1   ☐ 2   ☐ 5

a) $a \cdot (2b - c)$ ☐ $2ab - ac$ b) $3x \cdot (6y + 4z)$ ☐ $12xy + 6xz$

  $1 \cdot (2 \cdot 2 - 5) = 2 \cdot 1 \cdot 2 - 1 \cdot 5$ _____

       $-1 = -1$ _____

c) $2ml - 8mn$ ☐ $2m(2l - 4m)$ d) $0{,}3xy - 0{,}2x$ ☐ $\frac{1}{10}x(3y - 2)$

  _____   _____

  _____   _____

3 Löse die Klammern auf.

a) $5 \cdot (3x + 4) =$ _____   b) $-20(4a + 4b - 3c) =$ _____

c) $\frac{1}{3} \cdot (9a - 3b + 300) =$ _____   d) $(12z - 1) \cdot 5xy =$ _____

e) $-0{,}5h(h - 2f + 4h^2) =$ _____   f) $-0{,}2st(8u - 7st) =$ _____

4 Ergänze den Faktor.

a) $72 - 45k =$ _____ $\cdot (8 - 5k)$ b) $3y^2 + 3y =$ _____ $\cdot (y + 1)$

c) $-36v + 24v^2 =$ _____ $\cdot (3 - 2v)$ d) $56a^2b + 112a^3 =$ _____ $\cdot (b + 2a)$

e) $0{,}25p^2q^3 - 0{,}75p^3 =$ _____ $\cdot (q^3 - 3p)$ f) $2x^2yz - 8xy^2z + 6xyz^2 =$ _____ $\cdot (x - 4y + 3z)$

5 Finde Terme, die durch Ausmultiplizieren bzw. Ausklammern ineinander überführt werden können.
Markiere sie mit der gleichen Farbe.
Hinweis: Du benötigst drei Farben.

$3x^2 + 12xy - 36xyz$	$3(x^2 - 4xy + 12xyz)$
$3x(x + 4y - 12yz)$	$xy(3x + 12 - 36z)$
$3(x^2 + 4xy - 12xyz)$	$x(3x + 12y - 36yz)$
$3x^2 - 12xy + 36xyz$	$(3x^2y + 12xy - 36xyz)$
$(0{,}25x + y - 3yz) \cdot 12x$	$(-3x^2 - 12xy + 36xyz) \cdot (-1)$

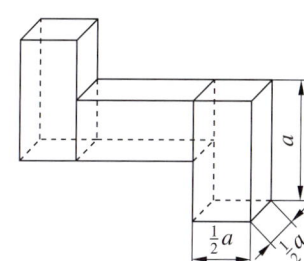

6 Klammere einen möglichst großen gemeinsamen Faktor aus.

a) $22x - 22y + 22z =$ _____

b) $22ax - 22ay + 22az =$ _____

c) $22x - 33y + 44z =$ _____

d) $12bx - 18by + 30bz =$ _____

e) $32rst - 48stw + 8st =$ _____

f) $-48ab - 12ca - 36az =$ _____

g) $-y^3 - y =$ _____

h) $-1{,}2v^2 - 1{,}8v^4 + 7{,}2uv^2 =$ _____

Anwenden und Vernetzen

7 Kreuze jeweils alle zur Berechnung des Oberflächeninhalts vom Körper geeigneten Terme an.

a) Würfelnetz

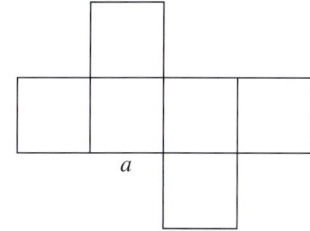

$\square$ $6a^2$

$\square$ $4a^2 + 2a^2$

$\square$ $3(a^2 + a^2)$

$\square$ $6 + (a \cdot a)$

$\square$ $a \cdot (a + a + a + a + a + a)$

$\square$ $6 - (a \cdot a)$

$\square$ $6(a^2 + a^2 + a^2 + a^2 + a^2 + a^2)$

b) Quadernetz

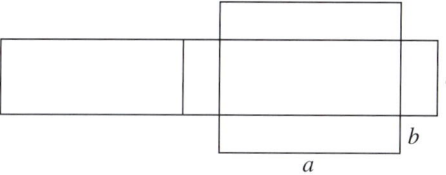

$\square$ $2(a^2 + b^2 + c^2)$

$\square$ $(a + b + a + b) \cdot c + 2ab$

$\square$ $(2a + 2b) \cdot c + 2ab$

$\square$ $2a \cdot b + 2b \cdot c + 2a \cdot c$

$\square$ $(a \cdot b + b \cdot c + a \cdot c) \cdot 2$

$\square$ $a \cdot b + b \cdot c + a \cdot c + a \cdot b + a \cdot b + a \cdot b$

$\square$ $a \cdot b + b \cdot c + a \cdot c + a \cdot b + b \cdot c + a \cdot c$

8 Schreibe zuerst zwei Terme zur Berechnung des Volumens des Körpers auf.
Berechne danach das Volumen für $a = 2$ cm mit deinen beiden Termen.

_____

_____

Summen multiplizieren

▶ **Grundwissen**

Beim Multiplizieren zweier Summen wird jeder Summand der ersten Summe mit jedem Summanden der zweiten Summe multipliziert.

Beispiel: $(a + b) \cdot (c + d) = a \cdot c + a \cdot d + b \cdot c + b \cdot d$

▶ **Auftrag:** Schreibe die Produkte in die entsprechenden Rechtecke.

Trainieren

1 Gib jeweils zur Berechnung des Flächeninhalts einen Term mit Klammern und einen Term ohne Klammern an. Hinweis: Schreibe die Produkte in die entsprechenden Rechtecke.

a)
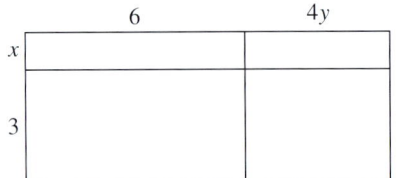

b)
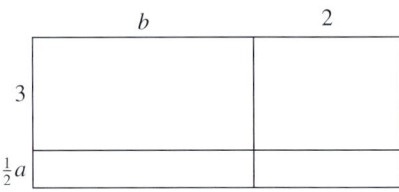

c)
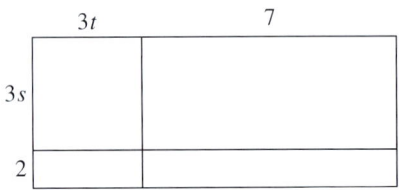

d)
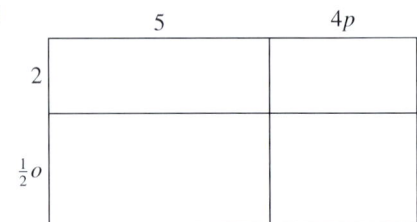

2 Multipliziere.

a) $(1 + h) \cdot (5 + e) =$ _____

b) $(a + h) \cdot (5 + a) =$ _____

c) $(2 + b) \cdot (5 - g) =$ _____

d) $(-h - 7) \cdot (4 + f) =$ _____

e) $(9 - z) \cdot (3 - 2y) =$ _____

f) $(-1 - 2h) \cdot (-5h - e) =$ _____

g) $(3d + 7s) \cdot (8 - 6s) =$ _____

h) $(-5k - 4l) \cdot (-5o - 3n) =$ _____

3 Setze „+" und „−" so ein, dass wahre Aussagen entstehen.

a) $(10 - 1) \cdot (6 + 2m) = 60\ \square\ 20m\ \square\ 6l\ \square\ 2lm$

b) $(-5s + 3) \cdot (4 + 5t) = -20s\ \square\ 25st\ \square\ 12\ \square\ 15t$

c) $(6\ \square\ h) \cdot (11 - 2g) = 66\ \square\ 12g - 11h\ \square\ 2gh$

d) $(-2h\ \square\ 8) \cdot (9\ \square\ 5f) = -18h - 10hf - 72\ \square\ 40f$

e) $(2\ \square\ a) \cdot (3\ \square\ b) = 6 - 2b\ \square\ 3a - ab$

f) $(a\ \square\ 4) \cdot (5\ \square\ c) = 5a - ac\ \square\ 20 - 4c$

Rechenzeichen zum Abstreichen:

+	+	+
+	+	+
+	+	+
−	−	−
−	−	−
−	−	−

4 Welche Terme wurden vermutlich miteinander multipliziert?

a) (☐ + ☐) · (☐ + ☐) $= 7a + ac + 7b + bc$

b) (☐ + ☐) · (☐ + ☐) $= 36 + 12b + 3a + ab$

c) (☐ + ☐) · (☐ − ☐) $= 10 - 2c + 5b - bc$

d) (☐ − ☐) · (☐ + ☐) $= 32a + 8ab - 28 - 7b$

e) (☐ − ☐) · (☐ − ☐) $= 9ab - 18a^2 - b^2 + 2ab$

f) (☐ − ☐) · (☐ − ☐) $= 9ac + ae + 18bc + 2be$

g) (☐ + ☐) · (☐ − ☐) $= 36a - 54ab + 16b - 24b^2$

h) (☐ − ☐) · (☐ − ☐) $= 30ab + 30a^2 + 8bc + 8ac$

Terme zum Abstreichen:		
2	3	4
4	5	7
7	12	
a	a	$-a$
b	b	b
b	b	b
c	c	e
$2a$	$2a$	$8a$
$9a$	$9a$	$-15a$
$2b$	$-2b$	$4b$
$6b$	$4c$	$-9c$

5 Verbinde zueinander passende Terme mit Linien.

$(7a + 5b) \cdot (0{,}5a - 7)$		$49a - 35ab - 2{,}5b + 3{,}5$

$(7a - 5b) \cdot (7 - 0{,}5a)$		$3{,}5a^2 + 35ab - 3{,}5a - 35b$

$(0{,}5a + 5b) \cdot (7a - 7)$		$3{,}5a^2 - 49a + 2{,}5ab - 35b$

$(7 - 5b) \cdot (7a + 0{,}5)$		$3{,}5a^2 + 35ab + 35b + 3{,}5a$

$(0{,}5a + 5b) \cdot (7a + 7)$		$-3{,}5a^2 + 2{,}5ab - 35b + 49a$

Anwenden und Vernetzen

6 Bewerte zuerst die Vorschläge zur Berechnung des Flächeninhaltes des Bildes.
Erkläre danach, wie man auf die richtig aufgestellten Terme kommen kann.
Zusatzaufgabe: Ermittle weitere passende Terme.

Saskia: $(a - 2x) \cdot (b - 2x)$ _____

Larissa: $ab - ((a - x) \cdot (b - x))$ _____

Clemens: $ab - (2xb + 2x \cdot (a - 2x))$ _____

Tom: $(a + x) \cdot (b - x)$ _____

_____

_____

_____

_____

_____

_____

Binomische Formeln

▶ **Grundwissen**

Die drei binomischen Formeln sind Sonderfälle der Multiplikation von Summen.

1. binomische Formel	2. binomische Formel	3. binomische Formel
$(a + b)^2 = a^2 + 2ab + b^2$	$(a - b)^2 = a^2 - 2ab + b^2$	$(a + b) \cdot (a - b) = a^2 - b^2$

Beispiele:

$(7 + c)^2 = $ _____ $(7 - e)^2 = $ _____ $(7 + g) \cdot (7 - g) = $ _____

$(\underline{} + 1)^2 = 4d^2 + 4d + 1$ $(\underline{} - 2)^2 = 9f^2 - 12f + 4$ $(\underline{}) \cdot (3h - 9) = 9h^2 - 81$

▶ **Auftrag:** Vervollständige die Beispiele.

Trainieren

1 Ergänze mithilfe der 1. binomischen Formel.

a) $(3 + h) \cdot (3 + h) = $ _____

b) $(5x + y) \cdot$ _____ $= 25x^2 + 10xy$ _____

c) $(z + 10)^2 = $ _____

d) $(9s + $ _____ $)^2 = $ _____ $+ 4t^2$

2 Ergänze mithilfe der 2. binomischen Formel.

a) $(6 - c) \cdot (6 - c) = $ _____

b) $(2x - 4y) \cdot$ _____ $= 4x^2 - 16xy$ _____

c) $(5a - 3b)^2 = $ _____

d) $(7y - $ _____ $)^2 = $ _____ $+ 4z^2$

3 Ergänze mithilfe der 3. binomischen Formel.

a) $(7a - b) \cdot (7a + b) = $ _____

b) $(3c + 10d) \cdot ($ _____ $) = 9c^2 - $ _____

c) _____ $= 0{,}25\,o^2 - 64p^2$

d) $(0{,}2s$ _____ $) \cdot (0{,}2s + $ _____ $) = $ _____ $s^2 - 121t^2$

4 Forme mithilfe der binomischen Formeln die Produkte um.

a) $(3 + t)^2 = $ _____

b) $(7 - a) \cdot (7 + a) = $ _____

c) $(k - 6)^2 = $ _____

d) $(5s - 2)^2 = $ _____

e) $(4a + 2b)^2 = $ _____

f) $(-5 + e) \cdot (-5 - e) = $ _____

g) $(3u - 4v) \cdot (3u - 4v) = $ _____

h) $(7 + 9x) \cdot (7 + 9x) = $ _____

5 Ergänze so, dass die Aussagen wahr sind.

a) $x^2 - 6x + 9 = (x - \boxed{})^2$

b) $(4 - \boxed{}) \cdot (4 + \boxed{}) = 16 - x^2$

c) $36s^2 + 120s + 100 = (6s + \boxed{})^2$

d) $16a^2 + \boxed{} + 16b^2 = (4a + 4b)^2$

e) $25v^2 - 10vw + w^2 = (5v - \boxed{})^2$

f) $25 + 4x^2 - \boxed{} = (5 - 2x)^2$

g) $81r^2 - 36s^2 = (\boxed{} + 6s) \cdot (\boxed{} - 6s)$

h) $49x^2 + \boxed{} xy + 25y^2 = (7x + 5y)^2$

i) $(\boxed{} + cb)^2 = a^2b^2 + 2ab^2c + \boxed{}$

j) $\frac{1}{2}x - \frac{1}{4}z = \frac{1}{4}x^2 \boxed{} + \boxed{}$

6 Markiere gleichwertige Terme mit der gleichen Farbe.
Hinweis: Du benötigst vier Farben.

$(8x + y)^2$ 　　 $(y - 8x)^2$ 　　 $(-8x + y)^2$ 　　 $(-y + 8x) \cdot (y + 8x)$ 　　 $64x^2 - y^2$

$(y - 8x) \cdot (y + 8x)$ 　　 $(8x + y) \cdot (8x - y)$ 　　 $-64x^2 + y^2$ 　　 $64x^2 + 16xy + y^2$

$-64x^2 - 8xy + 8yx + y^2$ 　　 $64x^2 + 8xy + 8xy + y^2$ 　　 $64x^2 - 16xy + y^2$

7 Berechne mithilfe der binomischen Formeln.

$63 \cdot 57 = 3591$

a) $97 \cdot 103 = (100 - 3) \cdot (100 + 3) =$ _____

b) $85 \cdot 75 =$ _____

c) $69^2 = (70 - 1)^2 =$ _____

d) $111^2 =$ _____

e) $107 \cdot 93 =$ _____

f) $398^2 =$ _____

Anwenden und Vernetzen

8 Gegeben ist ein Quadrat mit der Seitenlänge c.
Durch Verlängern von c um 2 cm entsteht ein neues Quadrat.
Gib eine Formel zur Berechnung des Flächeninhalts des neuen
Quadrates an.

_____

_____

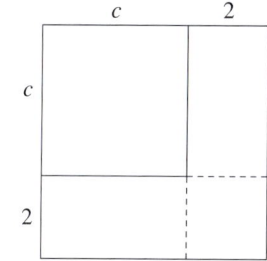

9 Multipliziere und vereinfache so weit wie möglich.

$(a + b)^3 = (a + b) \cdot (a + b)^2 =$ _____

_____

10 Frau Schmidt hat die Wahl zwischen einem quadratischen
Grundstück und einem rechteckigen Grundstück.
Das quadratische Grundstück hat eine Seitenlänge von 20 m.
Die eine Seite des rechteckigen Grundstücks ist 7 m länger und die
andere Seite 7 m kürzer als die des quadratischen Grundstücks.
Vergleiche die Fläche der beiden Grundstücke.

_____

_____

_____

_____

Funktionen

▶ **Grundwissen**

- Eine Zuordnung, bei der zu jedem Wert aus dem ersten Bereich genau ein Wert aus dem zweiten Bereich zugeordnet wird, ist eine eindeutige Zuordnung.
- Eine eindeutige Zuordnung heißt Funktion.
  Jedem Wert aus dem Definitionsbereich (x) wird genau ein Wert aus dem Wertebereich (y) zugeordnet.

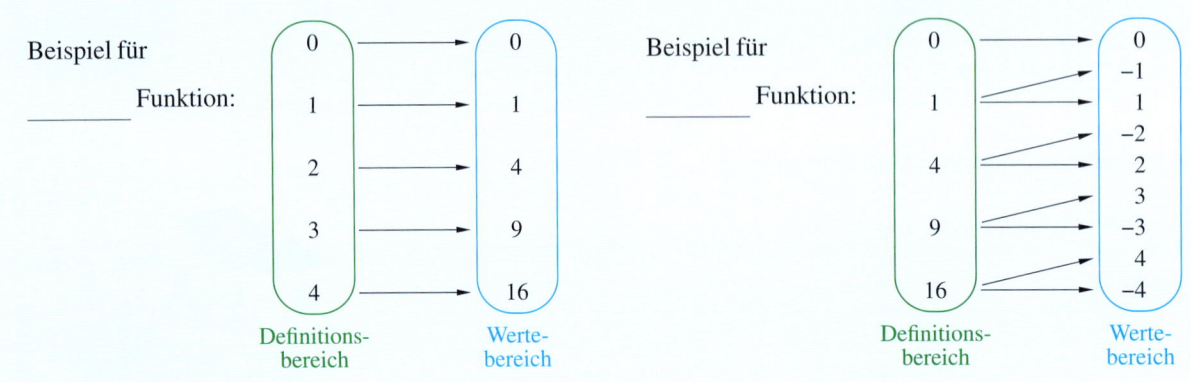

▶ **Auftrag:** Welches Beispiel zeigt eine bzw. keine Funktion?

Trainieren

1 Kreuze die Funktionen an.
Hinweis: Erkläre einer Mitschülerin oder einem Mitschüler, was anders sein müsste, damit es eine Funktion ist.

a) Graphen zu Zuordnungen

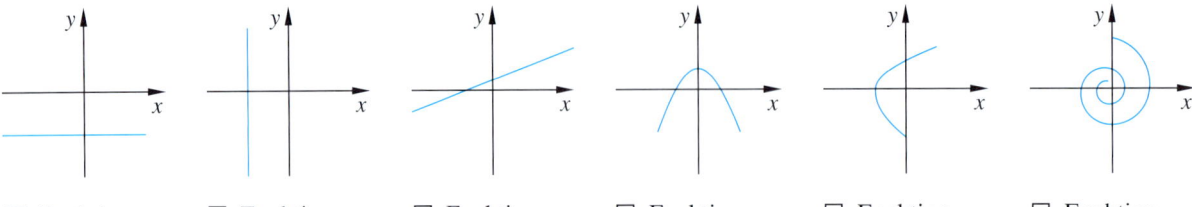

☐ Funktion ☐ Funktion ☐ Funktion ☐ Funktion ☐ Funktion ☐ Funktion

b) Wortvorschriften zu Zuordnungen

Mitschüler → letzte Sportnote	☐ Funktion	Ort → Telefonvorwahl	☐ Funktion
Tür → Schlüssel	☐ Funktion	Schüler → Klassenlehrer	☐ Funktion
Sternzeichen → Geburtsmonat	☐ Funktion	Tageszeit → Ortstemperatur	☐ Funktion

c) Tabellen zu Zuordnungen

Tageszeit	6:00	8:00	9:00	9:30
Temperatur in °C	7	8	9	9

☐ Funktion

Wochentag	Mo.	Di.	Mi.	Do.
Unterrichtsstunden	7	6	7	7

☐ Funktion

Reisedauer	4 d	5 d	6 d	7 d
Reisepreis in €	200	250	250	280

☐ Funktion

Gäste	1	2	3	2
bestellte Getränke	1	3	3	2

☐ Funktion

2 Gib zwei Funktionen zu Dreiecken an.

Dreieck → _____

Dreieck → _____

3 Stelle die Zuordnungen, die keine Funktionen sind, im Koordinatensystem dar.
Markiere im Koordinatensystem die Stellen, an denen du erkennst, dass es sich nicht um Funktionen handelt.

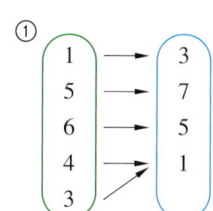

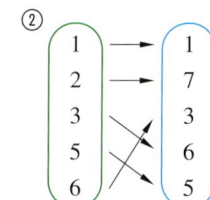

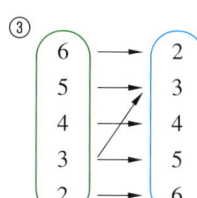

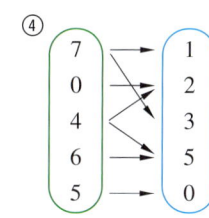

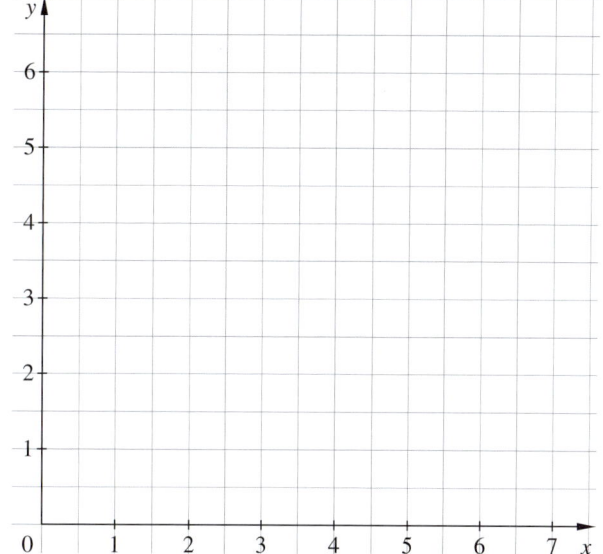

Anwenden und Vernetzen

4 Leonie ist die Leichteste und Maja ist kleiner als Leonie,
aber sie ist nicht viel schwerer.
Julia ist kleiner als Amelie, aber schwerer.
Doreen ist 4 cm größer als Julia, und Ulrike ist nur 1 cm kleiner
als Julia.
Eine der beiden gleich großen Mädchen muss Kerstin sein.
Die schwerste ist Doreen, und Amelie sowie Julia unterscheiden
sich um 1 kg.
Kerstin ist schlanker als Ulrike, also bestimmt leichter als sie.

a) Trage jeden Namen an der richtigen Stelle ein.
Hinweis: Trage zunächst mit Bleistift die Anfangsbuchstaben der Namen an passenden Stellen ein.

Größe / Masse	161 cm	166 cm	167 cm	168 cm	168 cm	172 cm	174 cm
55 kg							
59 kg							
64 kg							
67 kg							
68 kg							
70 kg							
71 kg							

b) Kreuze die Funktion an.

☐ Größe → Masse   ☐ Masse → Größe

Vervollständige die Pfeildiagramme und
begründe deine Entscheidung grafisch.

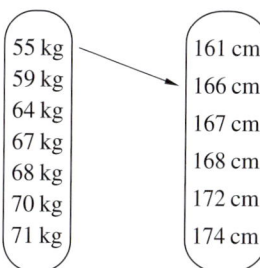

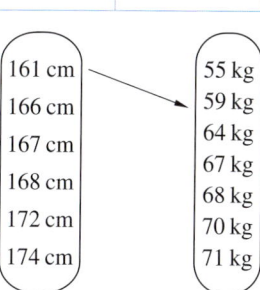

Proportionale Zuordnungen

▶ Grundwissen

Eine Funktion der Form $y = mx$ heißt proportionale Zuordnung. Ihr Graph ist eine Gerade, die durch den Punkt $P(0|0)$ verläuft.

Beispiel:

Anzahl der Brötchen	0	1	4	12
Preis in Euro	0	0,30		

Funktionsgleichung: $y = $ _____

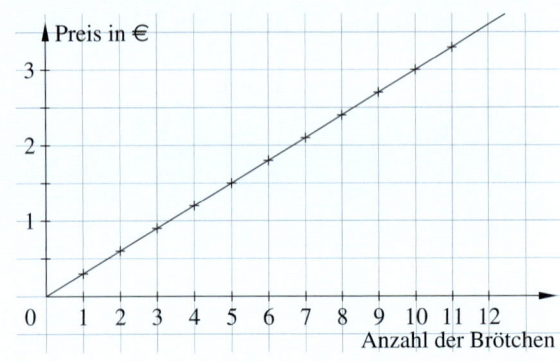

▶ **Auftrag:** Ergänze die Preise und die Funktionsgleichung.

Trainieren

1 Ergänze jeweils zu einer proportionalen Zuordnung. Gib die Funktionsgleichung an.

a)

Anzahl der Karten	1	2	3		10
Preis in €		18		45	

Funktionsgleichung: $y = $ _____

b)

Anzahl der Eiskugeln			3		9	10
Preis in €	1,60		4,80			8,00

Funktionsgleichung: $y = $ _____

c)

Länge in kg	5		15		45
Masse in kg		7	10,5	21,0	

Funktionsgleichung: $y = $ _____

d)

Fahrstrecke in km			20		60	
Fahrzeit in Stunden	0,05	0,25	0,5			1

Funktionsgleichung: $y = $ _____

2 Graphen zu proportionalen Zuordnungen

a) Ordne Graphen zu proportionalen Zuordnungen eine Funktionsgleichung zu.
Hinweis: Ermittle $P(0|0)$ und $Q(1|...)$ oder $R(5|...)$.

◯ $y = x$ ◯ $y = 4x$ ◯ $y = 0,5x$

b) Ergänze jeweils die Wertetabellen und zeichne den Graphen ins Koordinatensystem ein.

⑦ $y = 1,5x$

x	1	2	3	4	5
y					

⑧ $y = \frac{2}{3}x$

x	0	1	1,5	3	4,5
y					

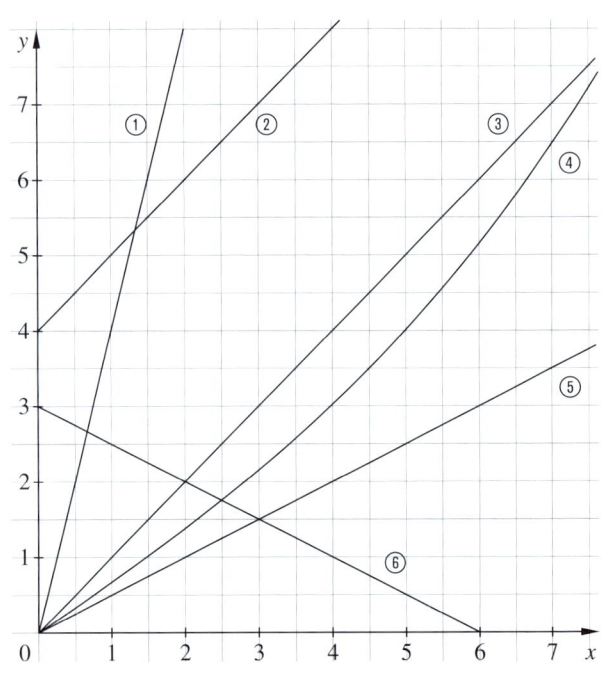

3 Eine Wohnungsbaugesellschaft hat drei Kategorien von Kaltmieten bei Neuvermietungen.
In jeder Kategorie ist der Quadratmeterpreis konstant.

a) Berechne die Mietpreise.

Wohnfläche / Preis pro m²	40 m²	70 m²	80 m²	110 m²
Kategorie A: 5,20 €				
Kategorie B: 6,10 €				
Kategorie C: 7,15 €				

b) Stelle für jede Kategorie die Zuordnung
Wohnfläche in m² → Mietpreis in €
im Koordinatensystem dar.

c) Gib für jede Kategorie eine Funktionsgleichung an.

Kategorie A: _____

Kategorie B: _____

Kategorie C: _____

d) Ermittle die Preise für 50 m² große Wohnungen
der Gesellschaft bei Neuvermietungen.
Markiere die entsprechenden Punkte.

Kategorie A: _____

Kategorie B: _____

Kategorie C: _____

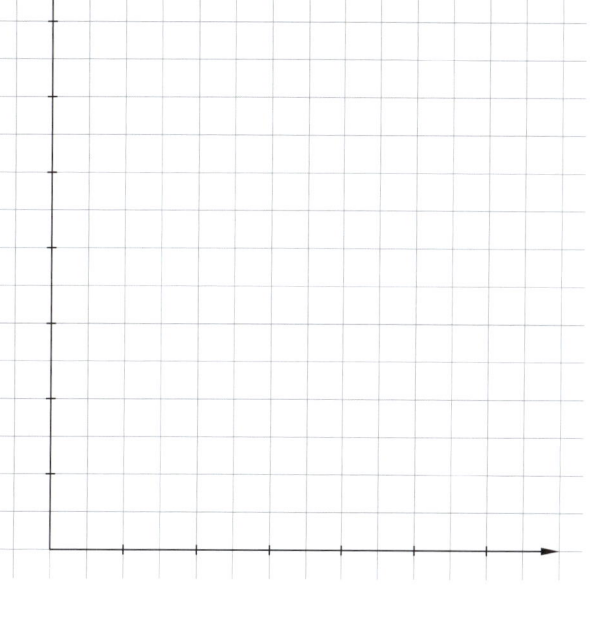

e) Ergänze folgenden Satz.

Je höher der Quadratmeterpreis ist, umso _____ der dazugehörige Graph.

Anwenden und Vernetzen

4 In ein leeres quaderförmiges Schwimmbecken wird
Wasser eingelassen. Das Wasser steigt pro Viertelstunde
um 5 cm. Das Becken hat eine Tiefe von 1,35 m.

a) Veranschauliche die Zuordnung und schreibe die
zugehörige Funktionsgleichung auf.

_____

b) Nach wie vielen Stunden ist das Becken voll?

_____

c) Ein gleichartiges Schwimmbecken ist bereits bis zu
einer Höhe von 5 dm gefüllt.
Ermittle mithilfe einer Zeichnung, wie lange es dauert,
bis es voll ist.

_____

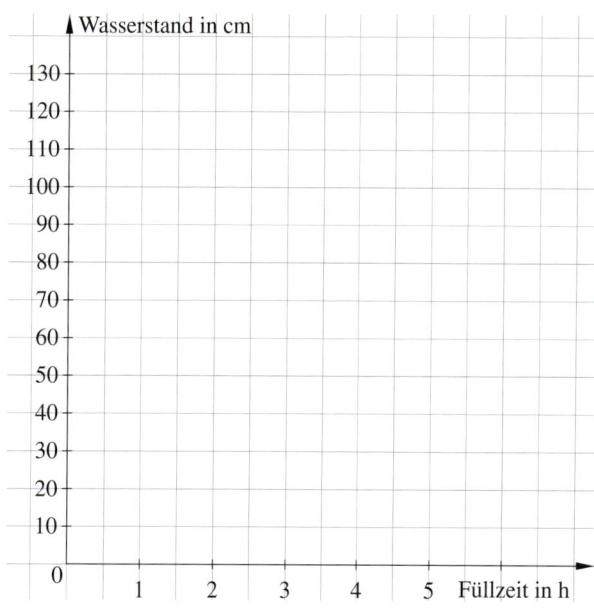

Lineare Funktionen

▶ **Grundwissen**

Eine Funktion der Form $y = mx + n$ heißt lineare Funktion.
Ihr Graph ist eine Gerade mit der Steigung m und dem Achsenabschnitt n auf der y-Achse.

Beispiele:

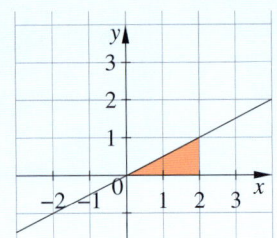 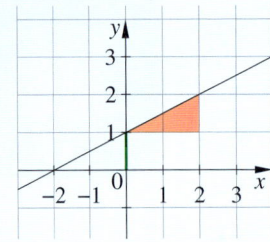 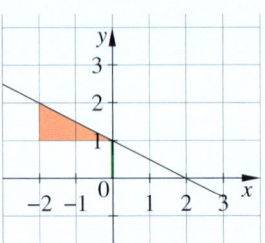 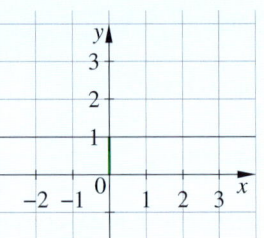

$m =$ _____ $n =$ _____ $m =$ _____ $n =$ _____ $m =$ _____ $n =$ _____ $m =$ _____ $n =$ _____

$y =$ _____ $y =$ _____ $y =$ _____ $y =$ _____

▶ **Auftrag:** Gib jeweils m, n und die Funktionsgleichung an.

Trainieren

1 Ergänze zuerst den Schnittpunkt mit der y-Achse.
Entscheide danach, ob die Gerade von links nach rechts fällt oder steigt.

a) $y = x + 6$ $P(0\,|\,\underline{})$ ist der Schnittpunkt mit der y-Achse.   Die Gerade … ☐ fällt ☐ steigt

b) $y = 2x - 7$ $P(0\,|\,\underline{})$ ist der Schnittpunkt mit der y-Achse.   Die Gerade … ☐ fällt ☐ steigt

c) $y = -3x + 8$ $P(0\,|\,\underline{})$ ist der Schnittpunkt mit der y-Achse.   Die Gerade … ☐ fällt ☐ steigt

d) $y = -4x - 9$ $P(0\,|\,\underline{})$ ist der Schnittpunkt mit der y-Achse.   Die Gerade … ☐ fällt ☐ steigt

2 Funktionsgleichungen und Graphen

a) Gib jeweils zuerst m und n an und
beschrifte danach die Graphen.

$y_1 = 3x + 6$ $m =$ _____ $n =$ _____

$y_2 = 3x + 3$ $m =$ _____ $n =$ _____

$y_3 = 3x - 2$ $m =$ _____ $n =$ _____

$y_4 = \frac{2}{3}x - 2$ $m =$ _____ $n =$ _____

b) Gib jeweils zuerst m und n an und
zeichne danach die Graphen.

$y_5 = -2$ $m =$ _____ $n =$ _____

$y_6 = -2x + 3$ $m =$ _____ $n =$ _____

$y_7 = -x - 2$ $m =$ _____ $n =$ _____

$y_8 = -x$ $m =$ _____ $n =$ _____

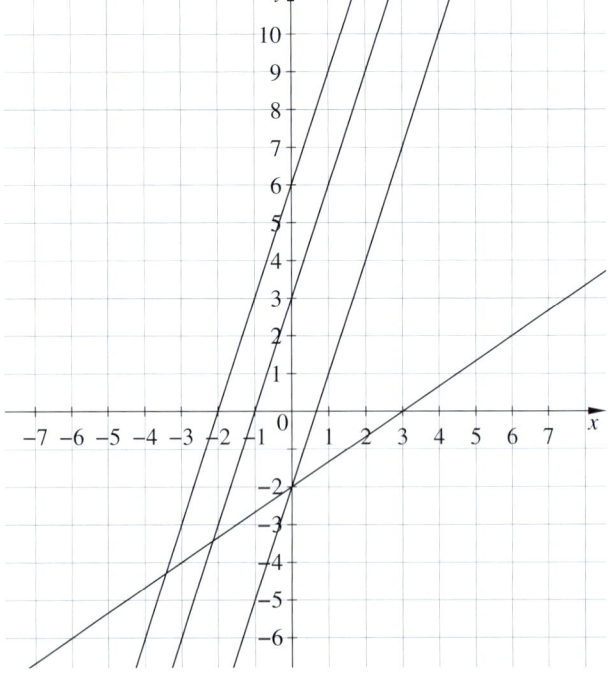

3 Im Koordinatensystem ist der Graph einer linearen Funktion eingezeichnet.

a) Gib die Funktionsgleichung dieser linearen Funktion y_1 an.

$y_1 =$ _____

b) Verschiebe die Gerade y_1 fünf Einheiten nach oben. Gib die Gleichung zu dieser Geraden y_2 an.

$y_2 =$ _____

c) Zeichne eine Gerade y_3, die senkrecht zu y_1 verläuft und durch den Punkt $P(1,5\,|\,0)$ geht. Gib ihre Gleichung an.

$y_3 =$ _____

d) Spiegele die Gerade y_1 an der y-Achse und ermittle die zugehörige Gleichung.

$y_4 =$ _____

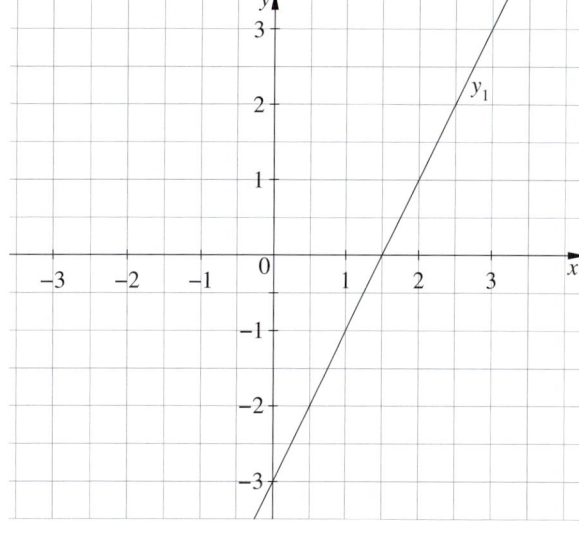

4 Graphen mit Gemeinsamkeiten zu $y = 4,6x - 12,8$.

a) Gib die Funktionsgleichung des Graphen an, der durch $P(0\,|\,0)$ und parallel zu dem von $y = 4,6x - 12,8$ verläuft.

b) Gib die Funktionsgleichung des Graphen an, der durch $P(0\,|\,12,8)$ verläuft und halb so stark steigt.

Anwenden und Vernetzen

5 Leni verreiste mit ihren Eltern.
Sie fuhren zuerst 62 km auf Landstraßen mit sehr unterschiedlichen Geschwindigkeiten und danach durchschnittlich 112,5 Kilometer pro Stunde auf der Autobahn.

a) Vervollständige die Tabelle zur Fahrt auf der Autobahn und trage die Wertepaare in das Koordinatensystem ein.

Zeit in min	Strecke in km
0	62,0
8	
16	
20	
40	
60	

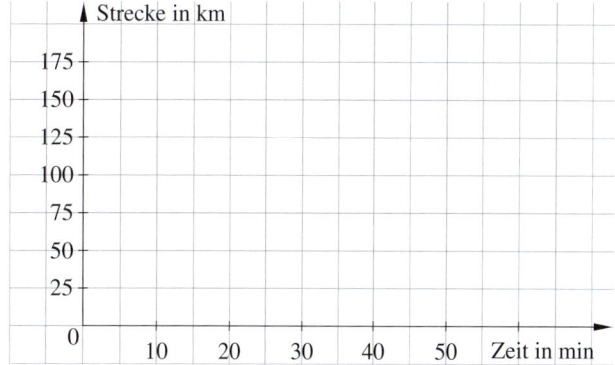

b) Warum ist es angebracht, die Punkte miteinander zu verbinden?

_____

c) Schreibe eine Funktionsgleichung zum Graphen bei Teilaufgabe **a** auf. Gib die praktische Bedeutung beider Variablen an.

Funktionsgleichung: _____

y steht für _____

x steht für _____

Steigungen

▶ **Grundwissen**

Für die Steigung m einer Geraden, die durch die Punkte $A(x_1 \mid y_1)$ und $B(x_2 \mid y_2)$ geht, gilt: $m = \frac{y_2 - y_1}{x_2 - x_1}$.

Funktionsgleichungen zu proportionalen Zuordnungen haben die Form: $y = m \cdot x$.

Beispiel:　　$m =$ _____

　　　　　　$y =$ _____

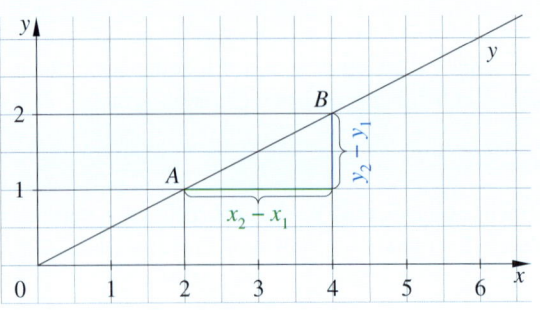

▶ **Auftrag:** Ergänze das Beispiel.

Trainieren

1　Steigungen von Abschnitten

　a) Gib den Abschnitt mit der größten Steigung an.

　　_____

　b) Gib den Abschnitt mit der kleinsten Steigung an.

　　_____

　c) Gib zwei 100-m-Abschnitte mit gleich großer Steigung an.

　　_____

　　_____

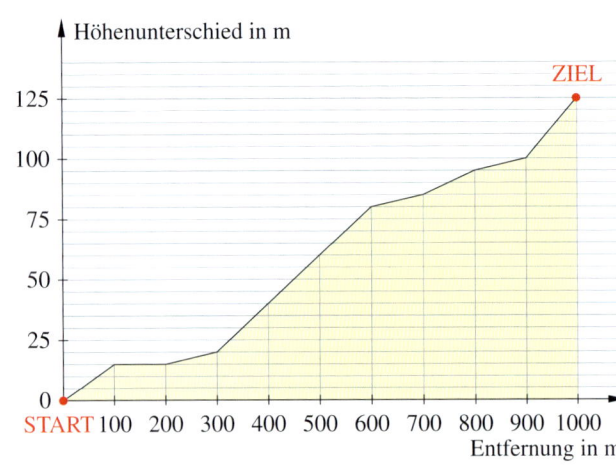

　d) Bestimme die Steigungen in den angegebenen Abschnitten nach dem Start.

　　0 m bis 100 m: _____　　100 m bis 200 m: _____

　　200 m bis 300 m: _____　　300 m bis 600 m: _____

　　700 m bis 800 m: _____　　900 m bis 1000 m: _____

2　Geraden und Funktionsgleichungen

　a) Zeichne jeweils eine Gerade, die durch den Punkt geht und die gegebene Steigung hat.

　　y_1: $P_1(-6 \mid -2)$　　$m = \frac{1}{3}$

　　y_2: $P_2(2 \mid 4)$　　$m = 2$

　　y_3: $P_3(1 \mid -2)$　　$m = -2$

　　y_4: $P_4(-4 \mid 4)$　　$m = -1$

　b) Schreibe die zugehörigen Funktionsgleichungen an die Graphen.

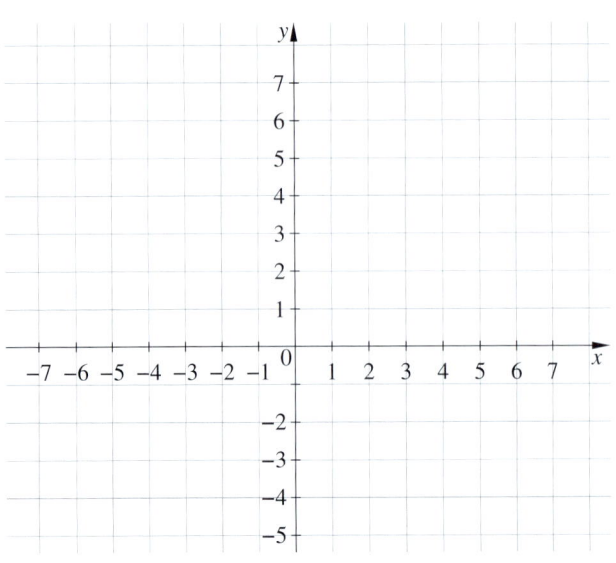

3 Berechne jeweils zuerst die Steigung der linearen Funktionen und zeichne danach die Graphen.

y_1 verläuft durch $A(-1|-1,5)$ und $B(-3|1,5)$.

_____

y_2 verläuft durch $C(-1|3)$ und $D(3|-3)$.

_____

y_3 verläuft durch $E(-2,5|-2,5)$ und $F(3|-1,5)$.

_____

y_4 verläuft durch $G(-2|-1,5)$ und $H(4|-0,5)$.

_____

y_5 verläuft durch $I(1|1,5)$ und $J(3|2,5)$.

_____

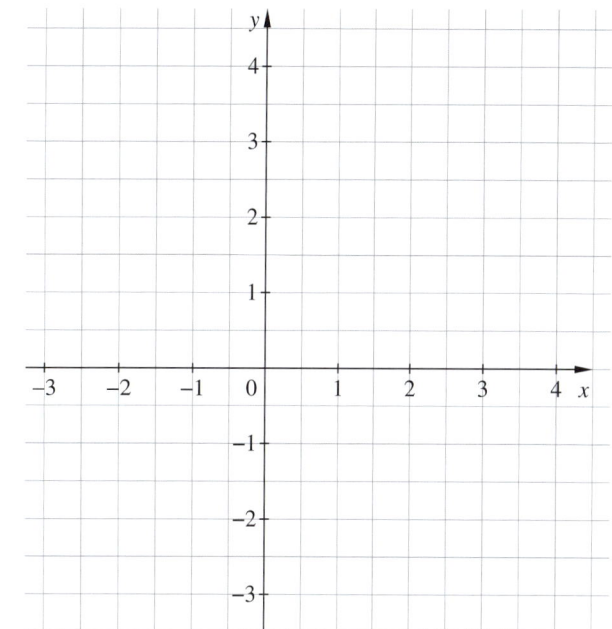

Anwenden und Vernetzen

4 An vielen Straßen im Gebirge steht ein Schild, welches die Steigung bzw. das Gefälle angibt.

a) Kreuze die richtigen Erklärungen an.

„Auf 100 m waagerechter Entfernung kommt man 20 m höher." ☐ richtig ☐ falsch

„Die Steigung ist 0,2." ☐ richtig ☐ falsch

„Nach 2 km ist man 200 m höher." ☐ richtig ☐ falsch

b) Berechne den überwundenen Höhenunterschied für eine Entfernung von 1,5 km laut Straßenkarte.

_____

_____

c) Zeichne entsprechende Graphen und gib die zugehörigen Funktionsgleichungen an.

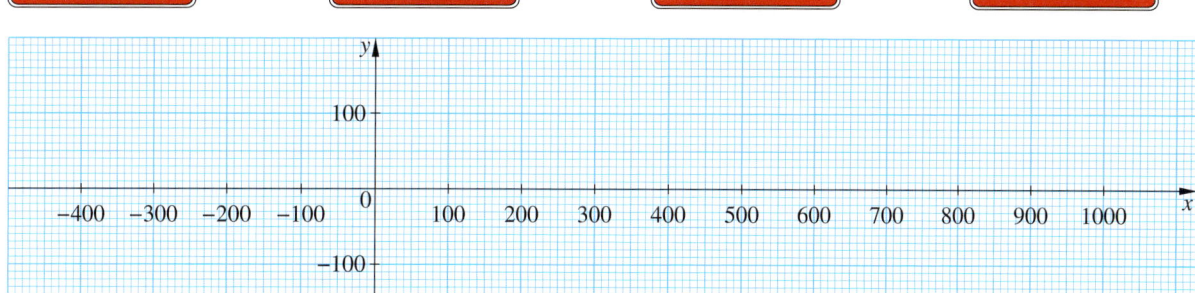

d) Miss die Anstiegswinkel (kleinster Winkel zwischen Graph und x-Achse).

_____

Nullstellen und andere Werte

▶ Grundwissen

Den zu einem x-Wert gehörenden y-Wert und den zu einem y-Wert gehörenden x-Wert kann man mithilfe der Funktionsgleichung berechnen.
Zum Berechnen der Nullstelle setzt man $y = 0$.

Beispiel: $y = 0,5x - 1,5$

$\qquad 0 = 0,5x - 1,5 \quad | + 1,5$

$\qquad 1,5 = 0,5x \qquad | : 0,5$

$\qquad 3 = x \qquad\qquad$ Die Nullstelle liegt bei $x =$ _____

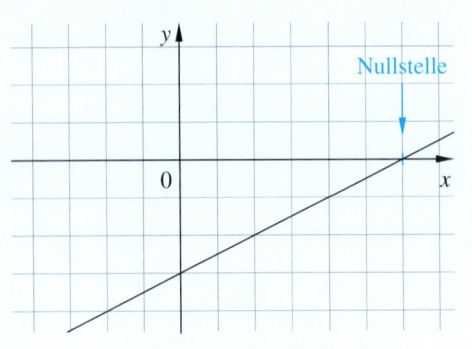

▶ **Auftrag:** Vervollständige den Satz und beschrifte das Koordinatensystem.

Trainieren

1   Nullstellen im Koordinatensystem

a) Markiere alle Nullstellen und gib sie an.

① _____   ② _____

③ _____   ④ _____

⑤ _____   ⑥ _____

b) Wie viele Nullstellen kann eine lineare Funktion haben?

☐ 0   ☐ 1   ☐ 2   ☐ 3   ☐ unendlich viele

c) Vervollständige die Berechnungen der Nullstellen.

④ $y = 0,5x + 1$ ② $y = -0,75x + 3$

____ $= 0,5x + 1 \quad | - 1$ ____ $= -0,75x + 3 \quad | - 3$

____ $= 0,5x \qquad | : 0,5$ ____ $= -0,75x \qquad | : (-0,75)$

____ $= x$ ____ $= x$

2   Berechne jeweils die fehlende Koordinate vom Schnittpunkt P mit der x-Achse.

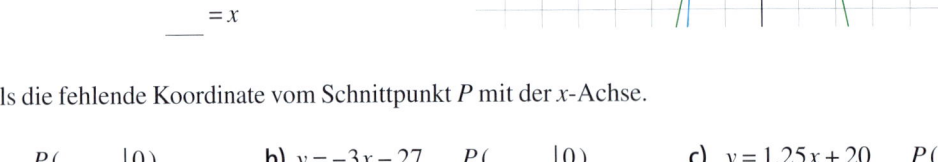

a) $y = -4x + 6 \quad P(\underline{\quad} | 0)$ **b)** $y = -3x - 27 \quad P(\underline{\quad} | 0)$ **c)** $y = 1,25x + 20 \quad P(\underline{\quad} | 0)$

3   Berechne jeweils die fehlende Koordinate vom Punkt Q.

a) $y = -4x + 6 \quad Q(\underline{\quad} | -2)$ **b)** $y = -3x - 27 \quad Q(\underline{\quad} | 3)$ **c)** $y = 1,25x + 20 \quad Q(\underline{\quad} | 15)$

4 Prüfe mithilfe der zugehörigen Graphen, ob deine Ergebnisse stimmen können.

a) Ermittle die Nullstellen rechnerisch.
Forme dazu die Gleichungen im Kopf um.
Hinweis: Nutze, wenn nötig, ein zusätzliches Blatt.

$y_1 = x + 2$ $x =$ _____ $y_2 = -2x$ $x =$ _____

$y_3 = -2x - 1$ $x =$ _____ $y_4 = 3x - 1$ $x =$ _____

$y_5 = 2x + 2$ $x =$ _____

b) Berechne die Schnittpunkte S mit der y-Achse.

$y_1 = x + 2$ $S($ ___ $|$ ___ $)$ $y_2 = -2x$ $S($ ___ $|$ ___ $)$

$y_3 = -2x - 1$ $S($ ___ $|$ ___ $)$ $y_4 = 3x - 1$ $S($ ___ $|$ ___ $)$

$y_5 = 2x + 2$ $S($ ___ $|$ ___ $)$

c) Prüfe, ob die Punkte zu $y_1 = x + 2$ gehören. Kreuze an.

$A(3|5)$ ☐ ja   ☐ nein

$B(7|12)$ ☐ ja   ☐ nein

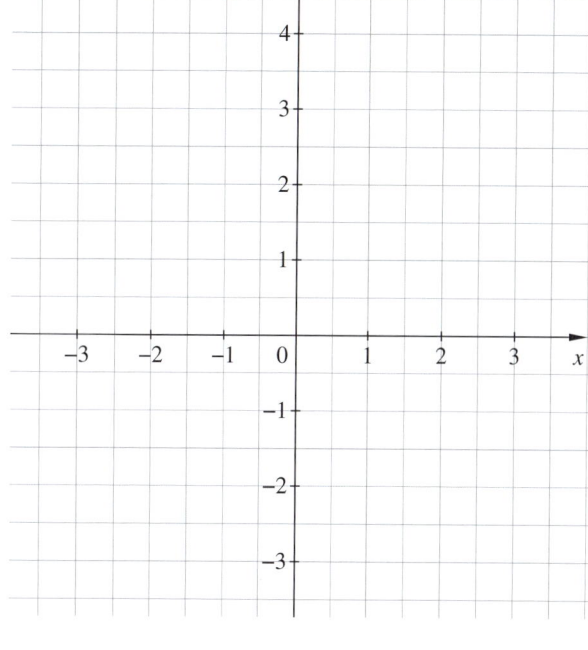

Anwenden und Vernetzen

5 Ein Unternehmen bietet Kerzen an, die sich nur in den Längen unterscheiden.
Es ist bekannt, dass die Länge einer brennenden Kerze jeweils um 3 cm pro Stunde abnimmt.

a) Gib die gesamte Brenndauer jeder Kerze an.

_____

_____

_____

b) Angenommen, eine neue Kerze des Unternehmens wird angezündet und brennt danach kontinuierlich ab.
Welche der Gleichungen beschreibt diese Funktion? Kreuze an.

☐ $y = 3x - 15$ ☐ $y = -3x - 15$ ☐ $y = -3x + 15$

Was geben x und y in der ausgewählten Gleichung an?

_____

Welche praktische Bedeutung hat die Nullstelle dieser Funktion?

_____

c) Ist die Zuordnung Länge → Preis eine Funktion? Ist es eine proportionale Zuordnung?
Begründe deine Antworten.

_____

_____

Längen und Preise

15 cm   2,00 €
24 cm   3,00 €
30 cm   2,50 €

Wahrscheinlichkeiten bei Laplace-Experimenten

▶ Grundwissen

Für Zufallsexperimente, bei denen alle Ergebnisse gleichwahrscheinlich sind, gilt:

$$\text{Wahrscheinlichkeit eines Ereignisses} = \frac{\text{Anzahl der günstigen Ergebnisse}}{\text{Anzahl aller möglichen Ergebnisse}}$$

Beispiel: Würfeln keiner „1"; „2"; „3" oder „4"

Anzahl der für das Ereignis günstigen Ergebnisse: _____

Anzahl aller möglichen Ergebnisse: _____

P (Würfeln keiner „1"; „2"; „3" oder „4") _____

▶ **Auftrag:** Ergänze das Beispiel.

Trainieren

1   Die Spieler beim „Mensch ärgere dich nicht" haben zwei Ziele.
Sie wollen mit dem nächsten Wurf mit einem Mal Würfeln einen Stein ins Ziel bringen oder einen Stein eines Gegners „rauswerfen". Im Zielbereich darf kein Stein übersprungen werden.

a) Welche Augenzahl ist beim nächsten Wurf demzufolge jeweils ein günstiges Ergebnis?

Günstiges Ergebnis, wenn „Gelb" als Nächstes würfelt.

_____

Günstiges Ergebnis, wenn „Schwarz" als Nächstes würfelt.

_____

Günstiges Ergebnis, wenn „Rot" als Nächstes würfelt.

_____

b) Ermittle die Wahrscheinlichkeiten.

Ein gelber Stein kommt beim nächsten Wurf im Ziel an. _____

Ein roter Stein kommt beim nächsten Wurf im Ziel an. _____

Ein roter Stein wirft beim nächsten Wurf einen schwarzen Stein raus. _____

Kein schwarzer Stein kann beim nächsten Wurf bewegt werden. _____

2   Aus einem vollständigen Skatspiel wird eine Karte gezogen.
Gib die Wahrscheinlichkeiten der Ereignisse an.

| 7♦ | 8♦ | 9♦ | 10♦ | J♦ | Q♦ | K♦ | A♦ | 7♥ | 8♥ | 9♥ | 10♥ | J♥ | Q♥ | K♥ | A♥ |
| 7♠ | 8♠ | 9♠ | 10♠ | J♠ | Q♠ | K♠ | A♠ | 7♣ | 8♣ | 9♣ | 10♣ | J♣ | Q♣ | K♣ | A♣ |

a) Eine Pik-Karte wird gezogen. _____

b) Ein König wird gezogen. _____

c) Eine Herz-Karte, die kein Ass ist, wird gezogen. _____

d) Eine Herz-Karte oder eine Pik-Karte wird gezogen. _____

3 Peter und Paul spielen mit einem 20-seitigen Spielwürfel.
Schreibe jeweils die Wahrscheinlichkeit des Ereignisses auf.
Hinweis: Schreibe die günstigen Ergebnisse auf.

a) Mit welcher Wahrscheinlichkeit fällt eine gerade Zahl?

b) Mit welcher Wahrscheinlichkeit fällt eine durch 6 teilbare Zahl?

c) Mit welcher Wahrscheinlichkeit fällt eine Zahl, die man nicht durch 7 teilen kann?

d) Mit welcher Wahrscheinlichkeit fällt eine Quadratzahl?

e) Mit welcher Wahrscheinlichkeit fällt eine Zahl, die durch 5 oder durch 8 teilbar ist?

f) Mit welcher Wahrscheinlichkeit fällt eine Primzahl?

Anwenden und Vernetzen

4 Peter und Paul wetten beim Würfeln mit einem 20-seitigen Würfel.
Peter gewinnt, wenn die Zahl größer als 12 ist. Paul gewinnt, wenn die Zahl durch 3 teilbar ist.
Ist das fair? Begründe.

5 In einer Kiste sind mehrere Karten. Auf 5 Karten ist ein Quadrat, auf 7 Karten ist ein Rechteck,
auf 9 Karten ist ein unregelmäßiges Dreieck und auf 4 Karten ist ein Kreis abgebildet.
Es wird jeweils nur eine Karte aus der Kiste gezogen. Danach wird diese zurückgelegt.
Gib jeweils die Wahrscheinlichkeit des Ereignisses in drei unterschiedlichen Schreibweisen an.

a) Die Innenwinkelsumme der Figur auf der Karte beträgt 360°.

b) Eine Karte ohne Kreis wird gezogen.

c) Eine Karte mit einer symmetrischen Figur wird gezogen.

d) Die Wahrscheinlichkeit eines Ereignisses beträgt 56 %. Welches Ereignis kann dies sein?

Baumdiagramme

Mit Baumdiagrammen können mehrstufige Zufallsversuche dargestellt werden.

Beispiel:
Martin (M), Alexander (A) und
Kolja (K) überlegen, wer beim
Staffellauf als Erster, Zweiter
bzw. Dritter startet.
Dafür veranschaulichen sie alle
Möglichkeiten genau einmal.

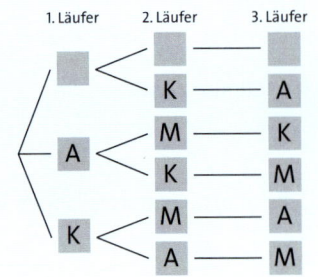

Variante 1: _____
Variante 2: Martin – Kolja – Alexander
Variante 3: Alexander – Martin – Kolja
Variante 4: Alexander – Kolja – Martin
Variante 5: Kolja – Martin – Alexander
Variante 6: Kolja – Alexander – Martin

▶ **Auftrag:** Ergänze Variante 1.

1   Jeder der drei Streifen der Flagge des Sportclubs Tricolor soll eine andere Farbe haben.
Schwarz, Grün, Blau und Rot stehen zur Verfügung.

a) Veranschauliche im Baumdiagramm alle Möglichkeiten. Färbe dazu die Teile der Flaggen ein.

b) Markiere die drei am besten aussehenden Fahnen.

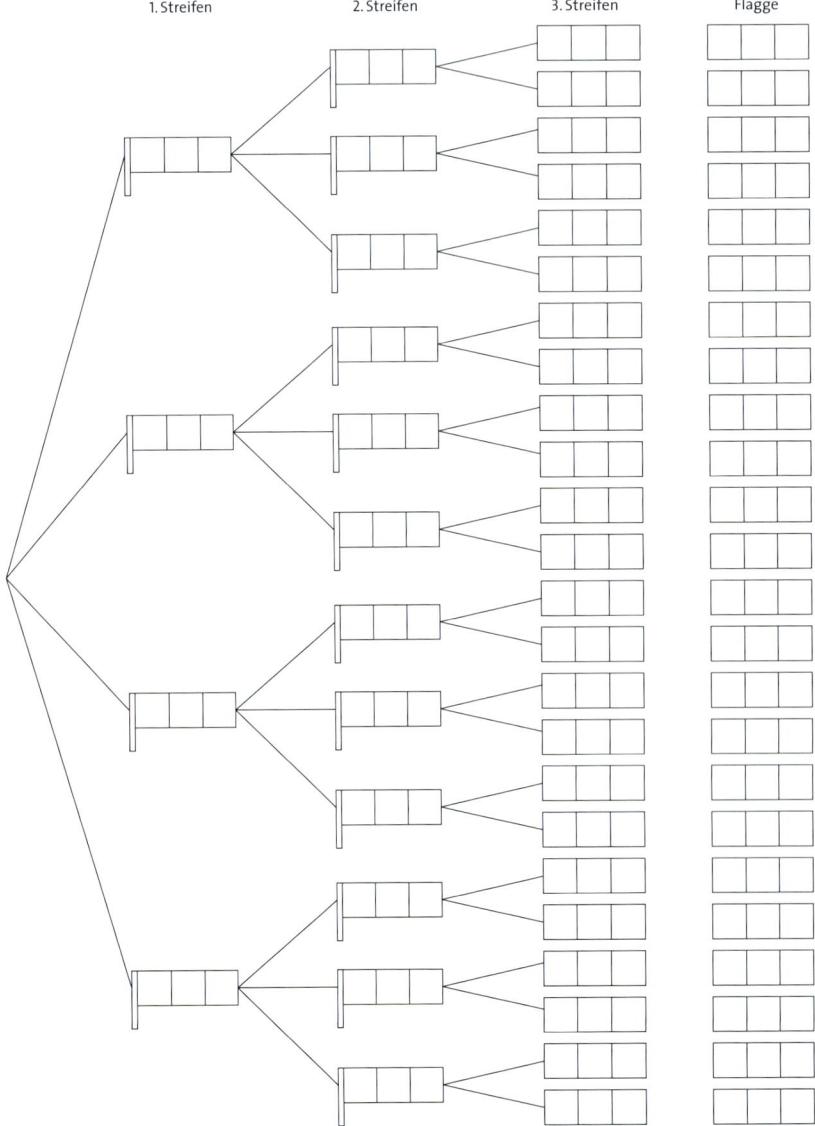

2 Anordnen von Buchstaben

a) Stelle im Baumdiagramm alle Möglichkeiten, die Buchstaben O , R und T nacheinander anzuordnen, dar. Notiere rechts daneben die Möglichkeiten und unterstreiche alle Anordnungen, die ein sinnvolles Wort ergeben.

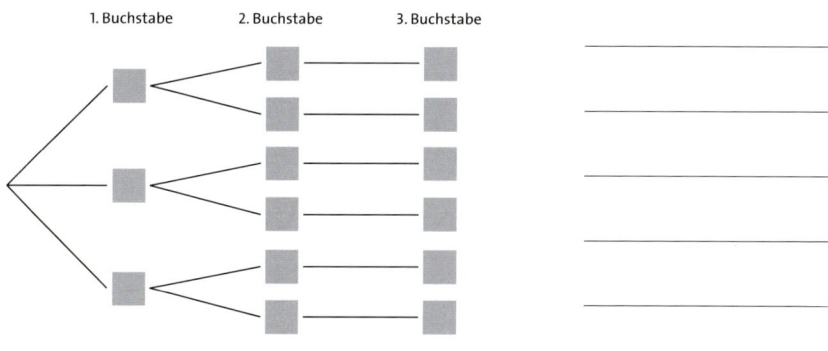

b) Wie viele Möglichkeiten gibt es, die Buchstaben O , R , T und E nacheinander anzuordnen? Begründe dein Ergebnis.

_____

_____

_____

_____

Anwenden und Vernetzen

3 Anna sagt: „Ich habe drei Geschwister. Mindestens eins davon ist ein Bruder."

Stefanie sagt: „Ich habe auch drei Geschwister. Das jüngste ist ein Bruder."

Finde mithilfe eines Baumdiagramms heraus, wer von beiden vermutlich eher mindestens zwei Brüder haben kann. Begründe deine Meinung.

Hinweis: Schreibe jeweils „J" für Bruder bzw. Junge und „M" für Schwester bzw. Mädchen.

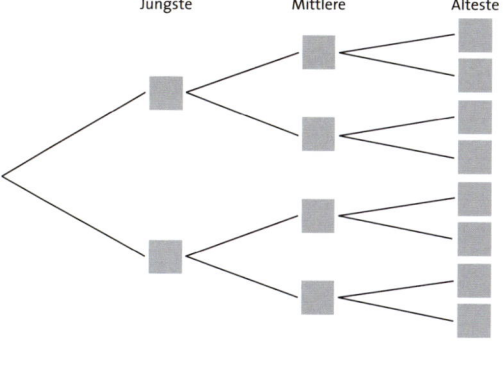

Geschwister nach dem Alter sortiert von Anna:

_____

Geschwister nach dem Alter sortiert von Stefanie:

_____

_____

_____

_____

_____

Produkt- und Summenregel

- Produktregel: Bei zweistufigen Zufallsexperimenten erhält man die Wahrscheinlichkeit eines Ergebnisses, indem man die Wahrscheinlichkeiten entlang des zugehörigen Pfades multipliziert.

- Summenregel: Bei zweistufigen Zufallsexperimenten ist die Wahrscheinlichkeit eines Ereignisses gleich der Summe der Wahrscheinlichkeiten aller Pfade, die zum Ereignis gehören.

Beispiel:
Martin (M), Alexander (A) und Kolja (K) überlegen:
Wie wahrscheinlich ist es, dass nach der Auslosung
Martin als Erster und Alexander als Zweiter startet?
Wie wahrscheinlich ist es, dass nach der Auslosung
Martin als Zweiter startet?

P(„Martin als Erster und Alexander als Zweiter") = _____

P(„Martin als Zweiter") = _____

▶ **Auftrag:** Berechne die gesuchten Wahrscheinlichkeiten.

1 Das Glücksrad wird zweimal gedreht.

a) Ergänze das zugehörige Baumdiagramm, die Ergebnisse und die Wahrscheinlichkeiten.

b) Vervollständige folgende Tabelle.

erzielte Summe nach zweimal Drehen				
Wahrscheinlichkeit				

c) Mit welcher Wahrscheinlichkeit ist die erzielte Summe größer als 4?

_____

d) Gib ein Beispiel für ein Ereignis an, das mit der Wahrscheinlichkeit 0 eintritt.

_____

2 Eine 50-Cent-Münze und ein Spielwürfel mit den Augenzahlen
1 bis 6 fallen gleichzeitig zu Boden.

Spielwürfel Münze

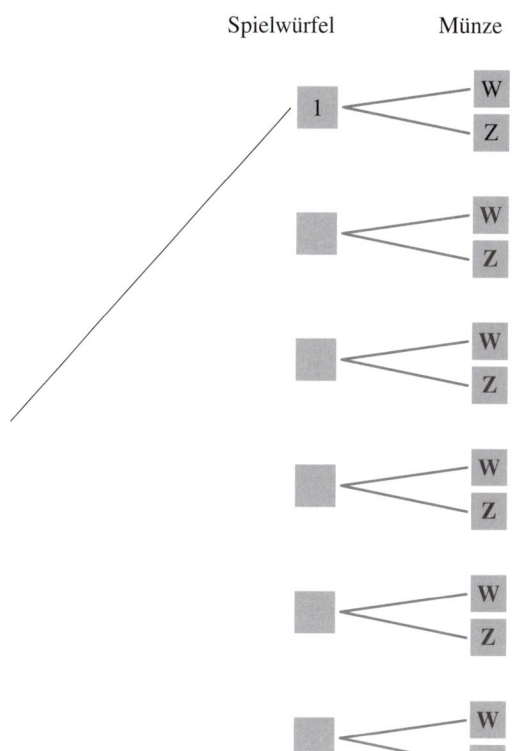

a) Vervollständige das Baumdiagramm so, dass alle möglichen
Ergebnisse leicht ablesbar sind.

b) Gib die entsprechenden Wahrscheinlichkeiten an.

A: „Wappen und eine Zahl, die größer als 4 ist"

_____

B: „50 Cent und eine Zahl, die kleiner bzw. gleich 3 ist"

_____

c) Gib ein Experiment (ohne Spielwürfel und Münze) an, das
auch durch den Baum von Teilaufgabe **a** beschrieben wird.
Hinweis: Kontrolliert die Beschreibungen gegenseitig.

_____

_____

_____

Anwenden und Vernetzen

3 Micha Pallack übte im Training Elfmeterschießen. Er schoss jeweils dreimal hintereinander.
Der Trainer notierte alle Ergebnisse und erstellte die abgebildete Erfolgsstatistik.

Schuss	1	2	3
Wahrscheinlichkeit für einen Treffer	90%	75%	70%

1. Schuss   2. Schuss   3. Schuss

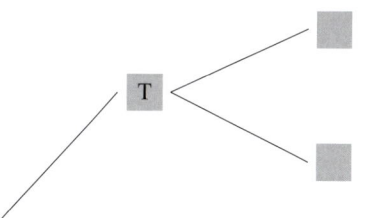

a) Erstelle ein vollständig beschriftetes Baumdiagramm.
Trage darin die Wahrscheinlichkeiten ein.
Hinweis: „T" steht für „Treffer" und „N" für „kein Tor".

b) Mit welcher Wahrscheinlichkeit trifft Pallack
dreimal hintereinander?

_____

_____

_____

c) Schreibe das Ereignis E_1: „Er schießt höchstens ein Tor"
als Menge und berechne $P(E_1)$.

_____

_____

d) Der Ball eines Profifußballers fliegt mit ca. 100 $\frac{km}{h}$.
Überschlage, wie lange er für 11 m benötigt.

_____

Kapitel **Dreiecke und Vierecke**

1 Gib jeweils die entsprechenden Formeln zur Berechnung vom Umfang und Flächeninhalt an. Berechne diese damit. Miss die benötigten Längen.

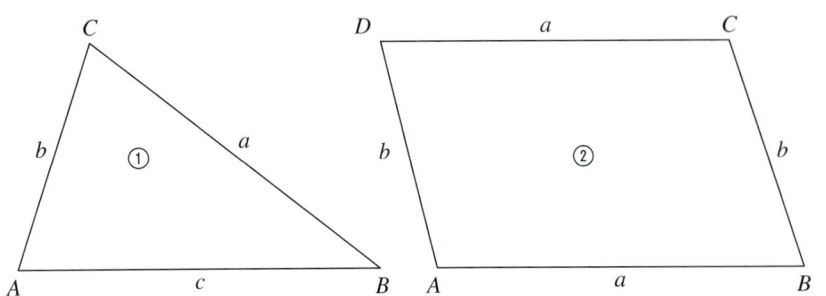
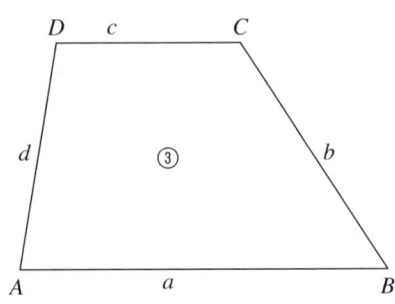

$u =$ _____

_____

_____

$A =$ _____

_____

_____

$u =$ _____

_____

_____

$A =$ _____

_____

_____

$u =$ _____

_____

_____

$A =$ _____

_____

_____

2 Ergänze zu 6 cm² großen Flächen.

Dreieck

Parallelogramm

Drachen

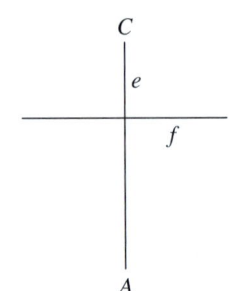

A _____ B

A _____ B

3 Ein Trapez ist 20 cm² groß. Die zueinander parallelen Seiten sind 2 cm und 6 cm lang.
Ermittle die Höhe des Trapezes.

_____

_____

4 Der Hausgiebel soll mit Platten gedämmt werden.
Wie teuer wird dies, wenn mit Kosten von 40 € pro Quadratmeter
gerechnet wird? Runde das Ergebnis sinnvoll.

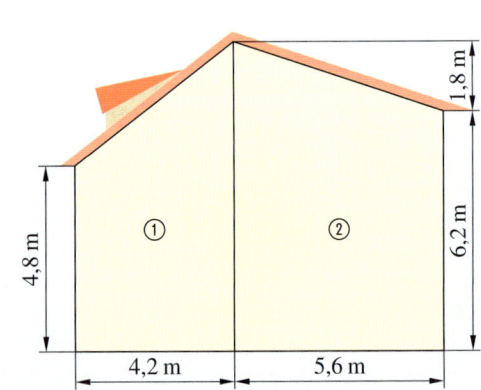

_____

_____

_____

_____

Kapitel Lineare Gleichungen

1 Kreuze jeweils alle Lösungen an.

a) $5x - 7 = 13$ ☐ 1 ☐ 2 ☐ 3 ☐ 4 ☐ 5

b) $3x - 15 = 2x + 5$ ☐ 10 ☐ 20 ☐ 30 ☐ 40 ☐ 50

c) $48 = x \cdot x + 47$ ☐ −2 ☐ −1 ☐ 0 ☐ 1 ☐ 2

d) $-12 + x - 3 = x - 15$ ☐ 1 ☐ 5 ☐ 7 ☐ 100 ☐ 0,5

2 Stelle passende Gleichungen auf und gib deren Lösungen an.

a) „Wird 45 zu einer Zahl addiert, so ist das Ergebnis 61."

_____

b) „Wird 27 von einer Zahl subtrahiert, so ist das Ergebnis 41."

_____

c) „Wird zum Doppelten einer Zahl 38 addiert, so ist das Ergebnis 52."

_____

d) „Wird zuerst eine Zahl mit 21 multipliziert und danach 5 abgezogen, so ist das Ergebnis 100."

_____

3 Gib zwei Gleichungen mit der Lösung 5 an.

_____

4 Markiere gegebenenfalls die Fehler und gib die Lösung an.

a) $9y = 5 - 3y + 7$

$12y = 12$

$y = 1$ $\qquad L = \{1\}$

b) $5x + 7 - 3x = 15$

$2x = 15$

$x = 7{,}5$ $\quad L = \{7{,}5\}$

5 Amelie durfte 20 € mit zur Klassenfahrt nehmen. Sie gab am ersten Tag 2 € mehr aus als am zweiten Tag, am dritten Tag nichts und an den letzten beiden Tagen jeweils 3 €. Als Amelie zurückkam, war noch 1 € übrig. Wie viel gab sie an den einzelnen Tagen aus?

Kapitel Prozent- und Zinsrechnung

1   Ermittle Prozentwerte und Grundwerte.

a) Schraffiere jeweils 30 % der Flächen.

b) Verlängere jeweils das Rechteck so, dass der Anteil der vorgegebenen Fläche 70 % beträgt.

2   Zum Schlussverkauf reduziert ein Verkäufer Preise. Ergänze die Tabelle.
Hinweis: Rechne wenn nötig auf einem zusätzlichen Blatt.

| | Preissenkung | | alter Preis | neuer Preis |
	in Euro	in Prozent		
Hosen			79,50 €	58,83 €
Röcke		20 %	45,50 €	
Hemden	9,00 €	15 %		
Pullover	12,21 €			43,29 €
T-Shirts		14 %	25,00 €	

3   Ergänze die Tabelle.
Hinweis: Rechne wenn nötig auf einem zusätzlichen Blatt.

Kapital	500,00 €	7 000,00 €		850,00 €	750,00 €	600,00 €
Zinssatz p. a.	12 %		1,25 %	12,5 %	14,5 %	9,2 %
Anlagedauer	ein Jahr	ein Jahr	ein Jahr	2 Monate	10 Tage	viertel Jahr
Zinsen		140,00 €	10,00 €			

4   Herr Kinzer hat 3 000,00 € im Lotto gewonnen. Davon zahlt er 30 % auf ein Sparbuch mit einem Zinssatz von 2,25 % p. a. ein. 50 % legt er als Festgeld mit Zinseszinsverzinsung zu einem Zinssatz von 2,3 % p. a. für 30 Monate an.

a) Berechne, wie viel Zinsen im ersten Jahr anfallen.

_____

_____

b) Berechne das Guthaben auf dem Festgeldkonto am Ende der Laufzeit.

_____

_____

_____

	Zinsen	Kapital
Anfang		

Kapitel **Prismen**

1 Markiere in den Netzen von Prismen die Seitenflächen, die Körperhöhe sowie die Grund- und die Deckfläche.
Lege dazu Farben fest.
Hinweis: Prüfe zuerst, ob es das Netz eines Prismas ist.

☐ Seitenflächen   ☐ Grund- und Deckfläche   ☐ Körperhöhe

a)   b)   c)   d)

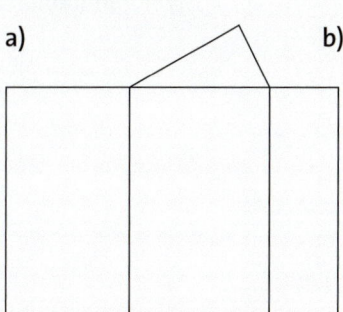 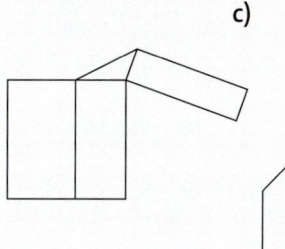 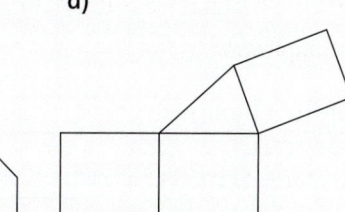

2 Ein Prisma hat als Grundfläche ein rechtwinkliges Dreieck mit 3 cm, 4 cm und 5 cm langen Seiten.
Es ist 8 cm hoch.

a) Berechne die Größe der Oberfläche und das Volumen des Prismas.

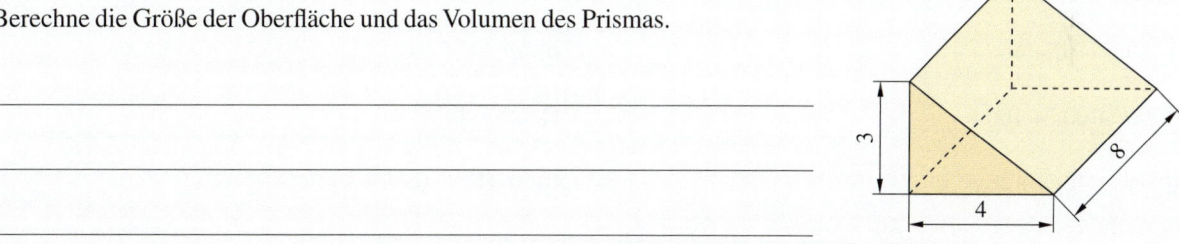

_____

_____

_____

b) Vervollständige die Grundflächen von Prismen mit gleicher Körperhöhe und gleichem Volumen.

Rechteck   Trapez   Parallelogramm

3 Ein Architekt plant ein neues Kinderbecken für ein Hotel. Es soll groß erscheinen und nicht viel Wasser fassen.
Welches der beiden Modelle wird vermutlich gewählt? Begründe deine Antwort.

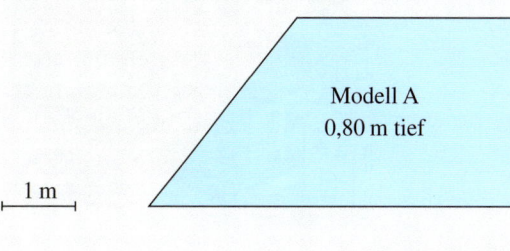 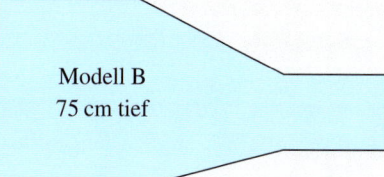

Modell A
0,80 m tief

Modell B
75 cm tief

1 m

_____

_____

_____

Kapitel Rechnen mit Klammern

1 Setze „=" bzw. „≠" ein und unterstreiche gegebenenfalls im rechten Term den Fehler.

a) $7 \cdot (5a + 4)$ ☐ $7 \cdot 5a + 5a \cdot 4$ **b)** $(1 + 2a) \cdot 3b$ ☐ $3b + 6ab$ **c)** $(1 - 4t) \cdot (4 - t)$ ☐ $4 - t + 16t + t^2$

d) $(2 - 4s) \cdot (2 - 4s)$ ☐ $4 - 16s + 4s^2$ **e)** $(3r + 9s)^2$ ☐ $9r^2 + 54rs + 81s^2$ **f)** $(7 - 7n) \cdot (7 + 7n)$ ☐ $49 + 49n^2$

2 Multipliziere.

a) $10 \cdot (7 + 4a) =$ _____

b) $-7b \cdot (6 - 4a) =$ _____

c) $(3b - 11c + 4) \cdot 5a =$ _____

d) $(3d - 4) \cdot (3d - 4) =$ _____

e) $(9e + 8s) \cdot (9e + 8s) =$ _____

f) $(0{,}3 - 0{,}2f) \cdot (0{,}3 + 0{,}2f) =$ _____

g) $(1{,}1 - 2g) \cdot (1{,}1 - h) =$ _____

h) $(0{,}6 - 4h) \cdot (4h + 0{,}6) =$ _____

3 Schreibe als Produkt. Klammere möglichst viel aus.

a) $21a + 28 =$ _____

b) $10a + 20ab - 30ac =$ _____

c) $50c^2 - 40bc =$ _____

d) $d^2 - 4d + 4 =$ _____

e) $9d^2 + 60d + 100 =$ _____

f) $25 - 400f^2 =$ _____

g) $7g^2 - 42gh + 28gi^2 =$ _____

h) $0{,}04h^2 - 0{,}4h + 1 =$ _____

4 Berechne mithilfe der binomischen Formeln.

a) $92 \cdot 108 =$ _____

b) $97^2 =$ _____

c) $38 \cdot 38 =$ _____

5 Familie Lehn sollte zuerst ein quadratisches Grundstück mit der Seitenlänge *l* erhalten.
An einer Seite wurde aber ein 3 m breiter Streifen zu einem Weg.
Zum Ausgleich gab es einen 3 m breiten Streifen, der senkrecht zum Weg verläuft.
Letztendlich ist es ein rechteckiges Grundstück geworden.

a) Veranschauliche den Sachverhalt.

b) Ermittle mithilfe einer Rechnung, wie sich die Größe des Grundstücks veränderte.

_____

_____

Inhaltsverzeichnis

Dieses Heft gehört:

Klasse:

Umfang und Flächeninhalt vom Dreieck

▶ Grundwissen

Beispiel:

Umfang: $u_{Dreieck} = a + b + c$ $u = 2{,}5\,cm + 4{,}9\,cm + 6\,cm = 13{,}4\,cm$

Flächeninhalt: $A_{Dreieck} = \frac{g \cdot h_g}{2}$ $A = \frac{6\,cm \cdot 2\,cm}{2} = 6\,cm^2$

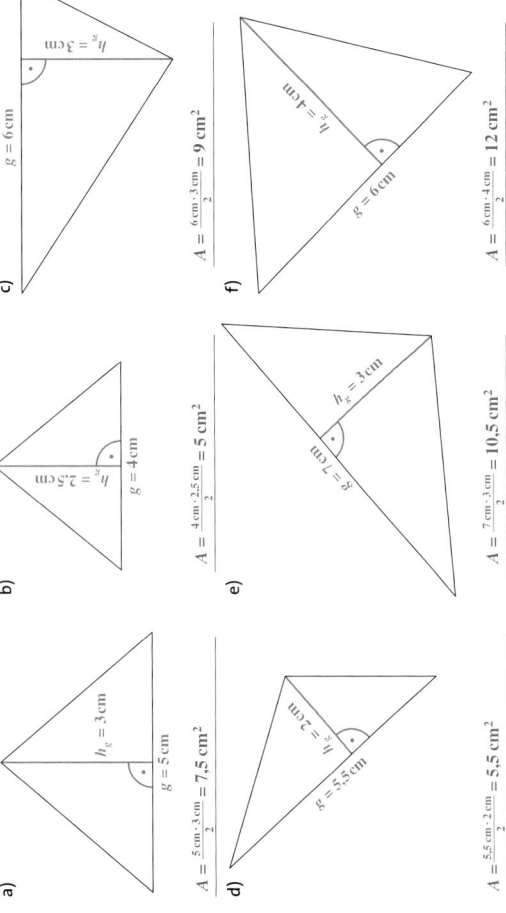

▶ Auftrag: Berechne den Flächeninhalt A des abgebildeten Dreiecks.

Trainieren

1 Miss zuerst die Längen der Seiten und schreibe diese an das Dreieck. Ermittle danach dessen Umfang.

a) (4 cm, 5 cm, 2 cm) $u = 11\,cm$

b) (4 cm, 3 cm, 3 cm) $u = 10\,cm$

c) (3 cm, 3,5 cm, 4,5 cm) $u = 11\,cm$

2 Ergänze jeweils die fehlende Größe des Dreiecks.

a	2 cm	25 mm	4 dm	1,5 m	8 cm	31 mm	2,4 dm	3,1 m
b	5 cm	35 mm	4 dm	1 m	10 cm	32 mm	5,2 dm	2,3 m
c	5 cm	20 mm	4 dm	2 m	7 cm	37 mm	4,3 dm	4,5 m
u	12 cm	80 mm	12 dm	4,5 m	25 cm	100 mm	11,9 dm	9,9 m

3 Gib drei Beispiele für Seitenlängen von Dreiecken mit 15 cm Umfang an.
Hinweis: Überprüfe deine Beispiele mit entsprechend langen Papierstreifen oder einem 15 cm langen Band.
z. B.

$u = 5\,cm + 5\,cm + 5\,cm = 15\,cm$ $u = 6\,cm + 6\,cm + 3\,cm = 15\,cm$ $u = 7\,cm + 5\,cm + 3\,cm = 15\,cm$

4 Färbe jeweils zuerst gleich große Dreiecke mit der gleichen Farbe ein. Berechne danach die Flächeninhalte.

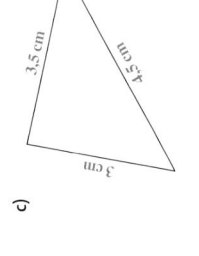

a) (Farbe 1, Farbe 1)

Rechteck: $A = 12\,cm^2$

Dreieck: $A = 6\,cm^2$

b) (Farbe 1, Farbe 2, Farbe 1, Farbe 2)

Rechteck: $A = 15\,cm^2$

Dreieck: $A = 7{,}5\,cm^2$

c) (Farbe 1, Farbe 2, Farbe 1, Farbe 2)

Rechteck: $A = 9\,cm^2$

Dreieck: $A = 4{,}5\,cm^2$

5 Berechne jeweils den Flächeninhalt des Dreiecks. Entnimm die Maße den Zeichnungen.

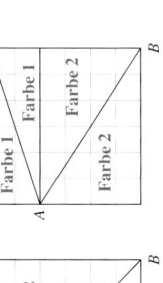

a) $h_g = 3\,cm$, $g = 5\,cm$

$A = \frac{5\,cm \cdot 3\,cm}{2} = 7{,}5\,cm^2$

b) $h_g = 2{,}5\,cm$, $g = 4\,cm$

$A = \frac{4\,cm \cdot 2{,}5\,cm}{2} = 5\,cm^2$

c) $h_g = 3\,cm$, $g = 6\,cm$

$A = \frac{6\,cm \cdot 3\,cm}{2} = 9\,cm^2$

d) $h_g = 2\,cm$, $g = 5{,}5\,cm$

$A = \frac{5{,}5\,cm \cdot 2\,cm}{2} = 5{,}5\,cm^2$

e) $h_g = 3\,cm$, $g = 7\,cm$

$A = \frac{7\,cm \cdot 3\,cm}{2} = 10{,}5\,cm^2$

f) $h_g = 4\,cm$, $g = 6\,cm$

$A = \frac{6\,cm \cdot 4\,cm}{2} = 12\,cm^2$

Anwenden und Vernetzen

6 Die Strecken $\overline{AB}$ sollen Seiten von Dreiecken ABC sein, die zum Rechteck flächengleich sind.

a) Ergänze jeweils zu einem dementsprechenden Dreieck ABC. Berechne dazu zuerst den Flächeninhalt.

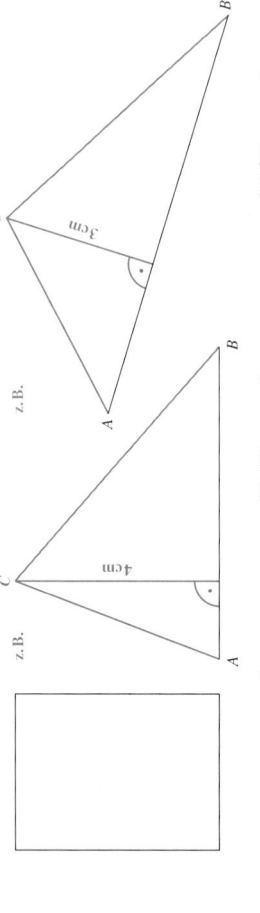

$A = 3\,cm \cdot 4\,cm = 12\,cm^2$

z. B. (4 cm)

$A = \frac{6\,cm \cdot 4\,cm}{2} = 12\,cm^2$

z. B. (3 cm)

$A = \frac{8\,cm \cdot 3\,cm}{2} = 12\,cm^2$

b) Ermittle die Umfänge der Dreiecke.   ca. 16 cm   ca. 18 cm

7 Jans Eltern wollen die maßstäblich abgebildete dreieckige Fläche mit Rollrasen auslegen. 1 m² Rollrasen kostet 5,50 €.

a) Wie viel wird der Rollrasen insgesamt kosten?

$\frac{20\,cm \cdot 10\,cm}{2} = 100\,cm^2$ $100\,cm^2 = 100\,m^2$ $100 \cdot 5{,}50\,€ = 550\,€$

550 € wird der Rollrasen insgesamt kosten.

b) Schätze, wie viel Meter Rasenkantensteine zu kaufen sind.   ca. 50 m

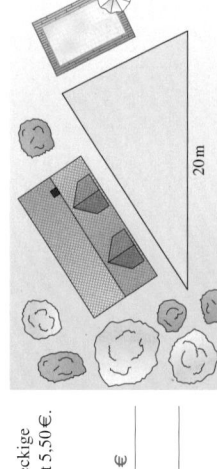

20 m

Umfang und Flächeninhalt vom Parallelogramm

▶ Grundwissen

Jedes Viereck mit zwei Paaren gleich langer gegenüberliegender Seiten ist ein Parallelogramm.

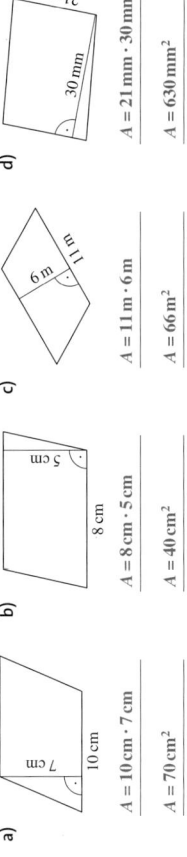

Umfang: $u_{Parallelogramm} = a + b + a + b$
$= 2 \cdot a + 2 \cdot b$

Beispiel:
$u = 2 \cdot 3\,cm + 2 \cdot 2,5\,cm = 11\,cm$

Flächeninhalt: $A_{Parallelogramm} = a \cdot h_a$
$A = 3\,cm \cdot 2\,cm = 6\,cm^2$

▶ Auftrag: Berechne den Flächeninhalt A des abgebildeten Parallelogramms.

Trainieren

1 Verschiedenartige Parallelogramme

a) Ordne jede der folgenden Bezeichnungen zu.

[Quadrat] [Rechteck] [Raute] [Parallelogramm]

b) Miss jeweils zuerst die Längen der Seiten und schreibe diese an das Parallelogramm. Ermittle danach dessen Umfang.

c) Miss jeweils eine Grundseite a sowie die Höhe h_a auf der Grundseite und gib den Flächeninhalt an.
Hinweis: Überprüfe dein Ergebnis mithilfe der Kästchen.

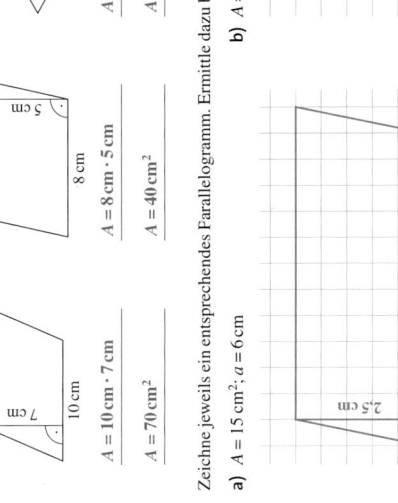

Parallelogramm	Quadrat	Rechteck	Raute
$u = 11,2\,cm^2$	$u = 12\,cm$	$u = 13\,cm$	$u = 10\,cm$
$A = 6\,cm^2$	$A = 9\,cm^2$	$A = 10,5\,cm^2$	$A = 6\,cm^2$

2 Ermittle die Umfänge und die Flächeninhalte der Parallelogramme. Was fällt auf?

①	②	③	④
$u = 11\,cm$	$u \approx 11,1\,cm$	$u \approx 11,3\,cm$	$u \approx 11,7\,cm$
$A = 7,5\,cm^2$	$A = 7,5\,cm^2$	$A = 7,5\,cm^2$	$A = 7,5\,cm^2$

Es fällt auf, dass die Umfänge unterschiedlich groß sind. (Je größer die Neigung, desto größer der Umfang)

Es fällt auf, dass die Flächeninhalte gleich groß sind. (gleich lange Grundseiten und Höhen darauf)

---

3 Berechne die Flächeninhalte der Parallelogramme.

a)
$A = 10\,cm \cdot 7\,cm$
$A = 70\,cm^2$

b)
$A = 8\,cm \cdot 5\,cm$
$A = 40\,cm^2$

c)
$A = 11\,m \cdot 6\,m$
$A = 66\,m^2$

d)
$A = 21\,mm \cdot 30\,mm$
$A = 630\,mm^2$

4 Zeichne jeweils ein entsprechendes Parallelogramm. Ermittle dazu benötigte Längen.

a) $A = 15\,cm^2$; $a = 6\,cm$

b) $A = 18\,cm^2$; $h_a = 3\,cm$

5 Ergänze jeweils die fehlenden Größen des Parallelogramms.
Zusatzaufgabe: Überprüfe deine Ergebnisse mithilfe von maßstäblichen Zeichnungen auf kariertem Papier.

a	2 cm	4 cm	6 cm	7 cm	9 cm	10 cm	15 mm	13 m
b	2 cm	2 cm	5 cm	5 cm	5 cm	7 cm	8 mm	17 m
h_a	1 cm	1 cm	4 cm	3 cm	8 cm	8 cm	10 mm	12 m
u	8 cm	12 cm	22 cm	24 cm	28 cm	34 cm	46 mm	60 m
A	2 cm²	4 cm²	24 cm²	21 cm²	72 cm²	80 cm²	150 mm²	156 cm²

Anwenden und Vernetzen

6 Die Koordinaten von drei Eckpunkten eines Parallelogramms $ABCD$ sind $A(2,5|1)$, $B(7|2)$ und $C(5,5|3,5)$.

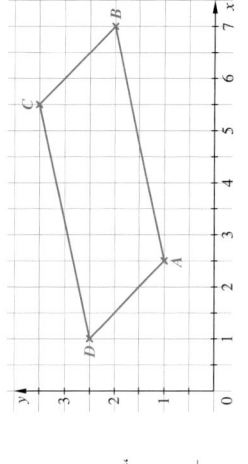

a) Gib die Koordinaten vom Punkt D an. $D(1|2,5)$

b) Leni sagt: „Wenn eine Einheit 1 cm lang ist, beträgt der Umfang ca. 135 mm und der Flächeninhalt 9 cm." Kann das stimmen?

Nein. Es sind 8,25 cm². ($u \approx 135\,mm = 13,5\,cm$)

7 Mit 25 der maßstäblich abgebildeten Pfeile soll ein Weg markiert werden.
Wie viel Quadratmeter selbstklebender Folie sind dafür mindestens zu kaufen?

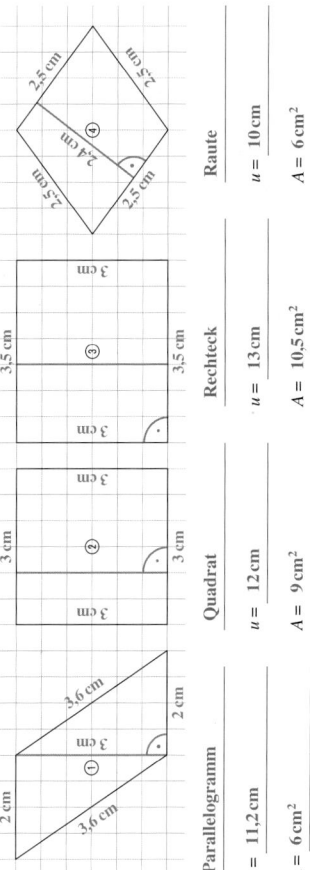
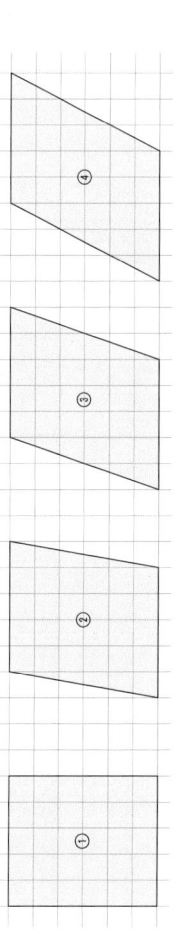

Flächeninhalt eines Pfeils:
$2 \cdot (30\,cm \cdot 15\,cm) = 900\,cm^2 = 0,09\,m^2$

Flächeninhalt von 25 Pfeilen:
$25 \cdot 0,09\,m^2 = 2,25\,m^2$

2,25 m² selbstklebender Folie sind dafür mindestens zu kaufen.

Umfang und Flächeninhalt vom Drachen

▶ Grundwissen

Jedes Viereck mit zwei Paaren gleich langer benachbarter Seiten ist ein Drachen.

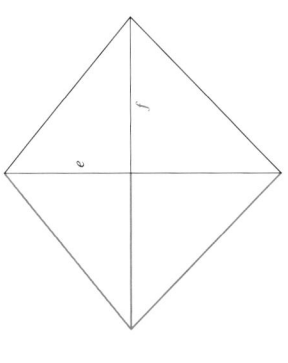

Umfang:
$$u_{Drachen} = a + a + b + b$$
$$= 2 \cdot a + 2 \cdot b$$

Beispiel:
$$u = 2 \cdot 1{,}8\,cm + 2 \cdot 2{,}9\,cm = 9{,}4\,cm$$

Flächeninhalt:
$$A_{Drachen} = \frac{e \cdot f}{2}$$
$$A = \frac{3\,cm \cdot 3{,}5\,cm}{2} = 5{,}25\,cm^2$$

▶ **Auftrag:** Berechne den Flächeninhalt A des abgebildeten Drachens.

Trainieren

1 Drachen

a) Ordne jedem Viereck seinen Umfang zu.

b) Zeichne jeweils zuerst die Diagonalen ein.
Berechne danach die Flächeninhalte. Miss dafür benötigte Streckenlängen.
Hinweis: Überprüfe deine Ergebnisse mithilfe der Kästchen und flächeninhaltsgleicher Rechtecke.

$9\,cm$ $10{,}4\,cm$ $11{,}4\,cm$ $12{,}6\,cm$ $12{,}2\,cm$

2 Berechne jeweils die fehlende Größe des Drachens.

$u \approx 11{,}4\,cm$ — $A = \frac{4\,cm \cdot 4\,cm}{2}$ — $A = 8\,cm^2$

$u \approx 10{,}4\,cm$ — $A = \frac{3\,cm \cdot 4\,cm}{2}$ — $A = 6\,cm^2$

$u \approx 12{,}2\,cm$ — $A = \frac{4{,}5\,cm \cdot 4\,cm}{2}$ — $A = 9\,cm^2$

$u \approx 9\,cm$ — $A = \frac{4\,cm \cdot 2\,cm}{2}$ — $A = 4\,cm^2$

a) Längen der Seiten und Umfang.

a	2 cm	2,5 mm	4 dm	1,5 m	8 cm	31 mm	2,4 dm	3,1 m
b	5 cm	3,5 mm	4 dm	1 m	10 cm	22 mm	5,2 dm	2,3 m
u	14 cm	12 cm	16 dm	5 m	36 cm	106 mm	15,2 dm	10,8 m

b) Längen der Diagonalen und Flächeninhalt

e	2 cm	4 dm	8 cm	4,5 mm	31 mm	2 m	1,5 m	2,4 dm
f	3 cm	3 dm	10 cm	4 mm	22 mm	2,3 m	1 m	50 dm
A	3 cm²	6 dm²	40 cm²	9 cm²	341 mm²	2,3 m²	0,75 m²	60 dm²

3 Ein Drachen ist 30 cm² groß. Wie lang können die Diagonalen sein?   z. B. $e = 6\,cm; f = 10\,cm$ bzw. $e = 5\,cm; f = 12\,cm$

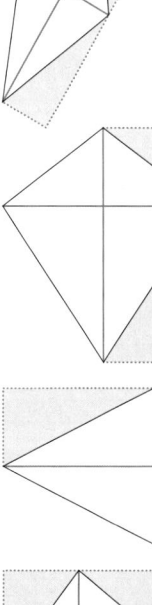
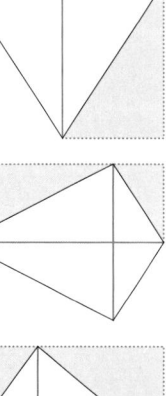
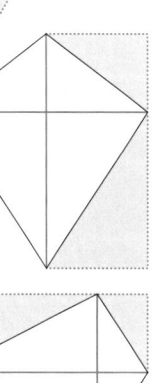

---

4 Ergänze jeweils zuerst zu einem entsprechenden Drachen. Gib danach den Flächeninhalt an.

a) $e = 5{,}5\,cm; f = 6\,cm$ $A = \underline{16{,}5\,cm^2}$

b) $e = 7\,cm; f = 7\,cm$ $A = \underline{24{,}5\,cm^2}$

c) $a = 5\,cm; b = 5\,cm$ $A = \underline{25\,cm^2}$

d) $a = b; e = 5\,cm; f = 7\,cm$ $A = \underline{17{,}5\,cm^2}$

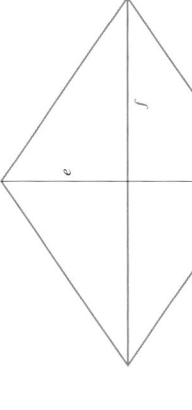
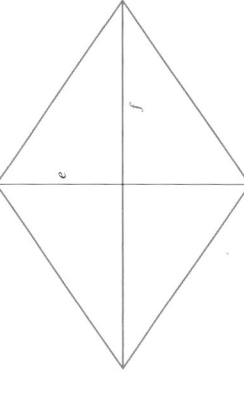

Anwenden und Vernetzen

5 Nele möchte aus zwei Leisten und einem großen Bogen farbigem Papier einen Drachen bauen.
Die Leisten sind 50 cm bzw. 80 cm lang.
Die kürzere Leiste soll etwa 25 cm von der Spitze entfernt angebracht werden.
Der Bogen Papier ist 47 cm breit und 80 cm lang.

a) Zeichne den Drachen maßstabsgetreu auf den Bogen.
Hinweis: Lege zuerst die Leisten mit Papierstreifen.

b) Reichen 2 m Schnur zum Umspannen des Drachens?
Begründe deine Antwort mit einer Rechnung.

$u = 2 \cdot 35\,cm + 2 \cdot 60\,cm = 190\,cm = 1{,}9\,m < 2\,m$

Ja, 2 m Schnur reichen zum Umspannen des Drachens.

c) Schätze, wie viel Prozent des Bogens Papier zu Abfall werden.

☐ ca. 30% ☒ ca. 40% ☐ ca. 50% ☐ ca. 60%

Umfang und Flächeninhalt vom Trapez

▶ Grundwissen

Jedes Viereck mit einem Paar paralleler Seiten ist ein Trapez.

Umfang: $u_{\text{Trapez}} = a + b + c + d$

Flächeninhalt: $A_{\text{Trapez}} = \frac{a+c}{2} \cdot h_a = m \cdot h_a$ $\left(m = \frac{a+c}{2}\right)$

Beispiel: $u = 6,2\,\text{cm} + 3,5\,\text{cm} + 1,8\,\text{cm} + 4\,\text{cm} = 15,5\,\text{cm}$

$A = \frac{6,2\,\text{cm} + 1,8\,\text{cm}}{2} \cdot 3\,\text{cm} = 4\,\text{cm} \cdot 3\,\text{cm} = 12\,\text{cm}^2$

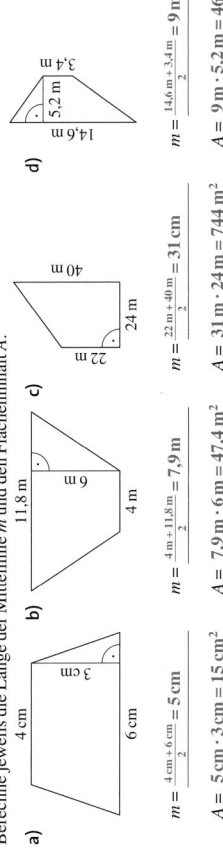

▶ Auftrag: Berechne den Flächeninhalt A des abgebildeten Trapezes.

Trainieren

1 Berechne jeweils die Länge der Mittellinie m und den Flächeninhalt A.

a)
$m = \frac{4\,\text{cm} + 6\,\text{cm}}{2} = 5\,\text{cm}$
$A = 5\,\text{cm} \cdot 3\,\text{cm} = 15\,\text{cm}^2$

b)
$m = \frac{4\,\text{m} + 11,8\,\text{m}}{2} = 7,9\,\text{m}$
$A = 7,9\,\text{m} \cdot 6\,\text{m} = 47,4\,\text{m}^2$

c)
$m = \frac{22\,\text{m} + 40\,\text{m}}{2} = 31\,\text{cm}$
$A = 31\,\text{m} \cdot 24\,\text{m} = 744\,\text{m}^2$

d)
$m = \frac{14,6\,\text{m} + 3,4\,\text{m}}{2} = 9\,\text{m}$
$A = 9\,\text{m} \cdot 5,2\,\text{m} = 46,8\,\text{m}^2$

2 Trapeze

a) Ordne jedem Viereck seinen Umfang zu.

[9,5 cm] [10,5 cm] [10,5 cm] [12,6 cm] [10,5 cm]

b) Zeichne jeweils zuerst die Mittellinie m und die Höhe h ein. Berechne danach damit die Flächeninhalte.
Hinweis: Überprüfe dein Ergebnis mithilfe der Kästchen und flächeninhaltsgleicher Rechtecke.

$u \approx 11,3\,\text{cm}$
$A = 2,5\,\text{cm} \cdot 3\,\text{cm}$
$A = 7,5\,\text{cm}^2$

$u \approx 10,5\,\text{cm}$
$A = 2\,\text{cm} \cdot 3\,\text{cm}$
$A = 6\,\text{cm}^2$

$u \approx 12,6\,\text{cm}$
$A = 3\,\text{cm} \cdot 3\,\text{cm}$
$A = 9\,\text{cm}^2$

$u \approx 10,5\,\text{cm}$
$A = 2\,\text{cm} \cdot 3\,\text{cm}$
$A = 6\,\text{cm}^2$

3 Berechne die Flächeninhalte folgender Trapeze mit den zueinander parallelen Seiten a und c.

Seite a	3 cm	3,8 cm	75 m	358 m	5 mm
Seite c	5 cm	2,4 cm	1,45 m	0,7 km	2,8 mm
Höhe h	4 cm	3 cm	0,8 m	47 m	12 mm
Flächeninhalt A	16 cm²	9,3 cm²	0,88 m²	24863 m²	46,8 mm²

---

4 Ein Trapez ist 18 cm² groß. Die zueinander parallelen Seiten sind 6 cm und 3 cm lang. Ermittle die Höhe des Trapezes.

$m = \frac{6\,\text{cm} + 3\,\text{cm}}{2} = 4,5\,\text{cm}$ $4,5\,\text{cm} \cdot h = 18\,\text{cm}^2$ und $4,5\,\text{cm} \cdot 4\,\text{cm} = 18\,\text{cm}^2$ Das Trapez ist 4 cm hoch.

5 Berechne jeweils die fehlenden Größen des Trapezes mit den zueinander parallelen Seiten a und c.
Hinweis: Skizziere jeweils ein entsprechendes Trapez auf einem zusätzlichen Blatt.

a	10 cm	5 cm	3 cm	7,5 cm	4 cm	10 cm	2,5 cm
b	6 cm	6,2 cm	4,3 cm	6,8 cm	3,6 cm	2,2 cm	6,2 cm
c	5 cm	3 cm	7 cm	2 cm	8 cm	4 cm	6 cm
d	7,8 cm	6 cm	3,8 cm	4 cm	3,6 cm	5,4 cm	6,3 cm
u	28,8 cm	20,2 cm	18,1 cm	20,3 cm	19,2 cm	21,6 cm	21 cm
m	7,5 cm	4 cm	5 cm	4,75 cm	6 cm	7 cm	4,25 cm
h	6 cm	6 cm	3,5 cm	4 cm	3 cm	2 cm	6 cm
A	45 cm²	24 cm²	17,5 cm²	19 cm²	18 cm²	14 cm²	25,5 cm²

Anwenden und Vernetzen

6 Die Platte des Tisches für eine Kita hat die Form eines Trapezes mit einer 1,2 m langen Seite und drei 60 cm langen Seiten.

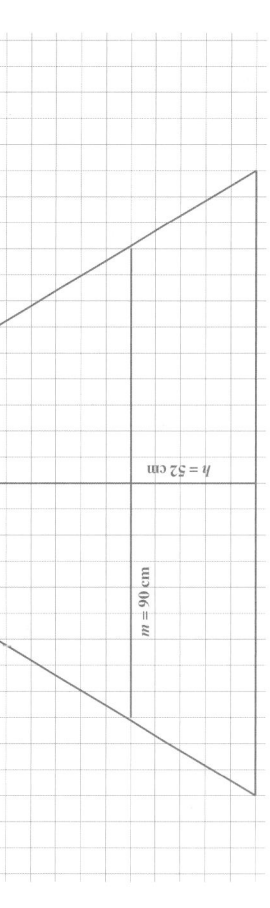

a) Wie viele Kita-Kinder können direkt am Tisch stehen, wenn jedes Kind ca. 30 cm beansprucht?

Umfang des Tisches: $3 \cdot 60\,\text{cm} + 120\,\text{cm} = 300\,\text{cm}$ $300\,\text{cm} : 30\,\text{cm} = 10$

10 Kita-Kinder können direkt am Tisch stehen.

b) Zeichne zuerst eine Tischfläche im Maßstab 1 : 10.
Ermittle danach mithilfe der Zeichnung die Größe der Tischfläche in Quadratdezimetern.

[m = 90 cm, h = 52 cm]

$90\,\text{cm} \cdot 52\,\text{cm} = 4680\,\text{cm}^2 = 46,80\,\text{dm}^2$ Rund 47 dm² ist die Tischfläche groß.

c) Schätze, wie viele Doppelseiten dieses Arbeitsheftes man zum vollständigen Abdecken der Tischplatte mindestens benötigt?
Doppelseite: ca. 12,5 dm² $46,80\,\text{dm}^2 : 12,5\,\text{dm}^2 = 3,744$
Mit Zuschneiden werden 4 Doppelseiten benötigt. Ohne Zuschneiden werden 6 Doppelseiten benötigt.

Umfang und Flächeninhalt vom Vieleck

▶ Grundwissen

- Der Umfang u eines Vielecks ist die Summe der Längen aller Seiten des Vielecks.
- Der Flächeninhalt A eines Vielecks ist die Summe aller Flächeninhalte seiner Teilflächen.

Beispiel: $u = a + b + c + d + e = 4\,cm + 2,5\,cm + 1,5\,cm + 2\,cm + 3\,cm = 13\,cm$

$A = A_1 + A_2 = \underline{6\,cm^2 + 1,5\,cm^2 = 7,5\,cm^2}$

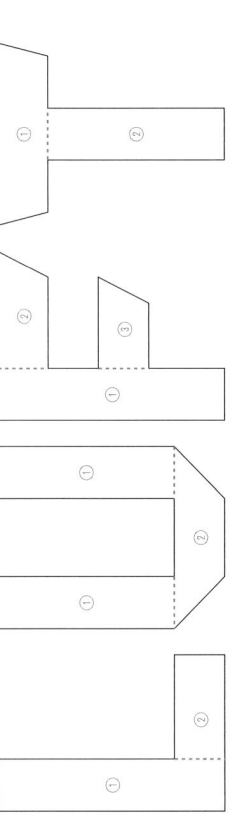

▶ Auftrag: Ermittle den Flächeninhalt A des abgebildeten Vielecks.

Trainieren

1 Zerlege jeweils zuerst in zwei Dreiecke und berechne danach den Flächeninhalt des Vierecks.
Hinweis: Miss die benötigten Längen.
z.B.

a)
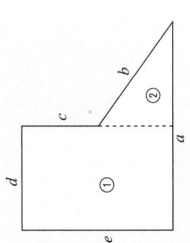

$A_1 = \frac{3\,cm \cdot 2\,cm}{2} = 3\,cm^2$

$A_2 = \frac{1\,cm \cdot 3\,cm}{2} = 1,5\,cm^2$

$A = 3\,cm^2 + 1,5\,cm^2 = \underline{4,5\,cm^2}$

b)

$A_1 = \frac{2\,cm \cdot 1,5\,cm}{2} = 1,5\,cm^2$

$A_2 = \frac{2\,cm \cdot 2\,cm}{2} = 2\,cm^2$

$A = 1,5\,cm^2 + 2\,cm^2 = 3,5\,cm^2$

c)

$A_1 = \frac{4\,cm \cdot 1,5\,cm}{2} = 3\,cm^2$

$A_2 = \frac{4\,cm \cdot 1\,cm}{2} = 2\,cm^2$ $A = 3\,cm^2 + 2\,cm^2 = 5\,cm^2$

d) ca. 0,7 cm

$A_1 = \frac{3\,cm \cdot 0,7\,cm}{2} = 1,05\,cm^2$

$A_2 = \frac{3\,cm \cdot 0,7\,cm}{2} = 1,05\,cm^2$

$A = 2 \cdot 1,05\,cm^2 = 2,1\,cm^2$

2
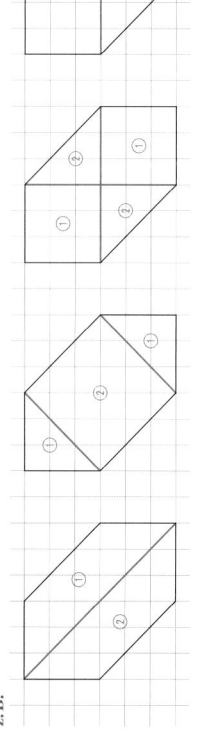

a) Gib vier unterschiedliche Zerlegungen in Teilflächen, deren Flächeninhalt du berechnen kannst, an.

b) Berechne den Umfang und den Flächeninhalt.
Hinweis: Miss die benötigten Längen.

$u = 4 \cdot 1,5\,cm + 2 \cdot 2,1\,cm = 10,2\,cm$

$A = 2 \cdot \left(\frac{1,5\,cm + 3\,cm}{2} \cdot 1,5\,cm\right) = 6,75\,cm^2$ (zur letzten Zerlegung)

c) In einem Heft steht: $A_1 = A - 2 \cdot A_2$
$A_1 = 3\,cm \cdot 3\,cm - 2 \cdot \frac{(1,5\,cm \cdot 1,5\,cm)}{2}$

Markiere in der Zeichnung die entsprechenden Flächen A_1 und A_2.

---

3 Ermittle die Umfänge und die Flächeninhalte durch Zerlegen.
Zusatzaufgabe: Ermittle die Flächeninhalte von zwei Figuren durch Ergänzen oder Umlegen.

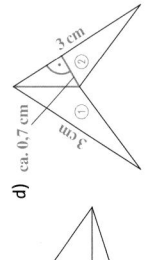
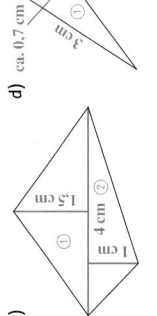
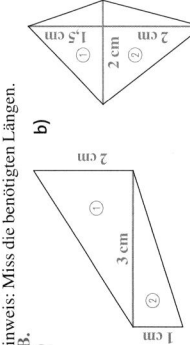

z.B.

„L" $u = 3\,cm + 1\,cm + 2\,cm + 3,5\,cm + 1\,cm + 4,5\,cm = 15\,cm$

$A = \underline{4,5\,cm^2 + 2\,cm^2 = 6,5\,cm^2}$ $(3\,cm \cdot 4,5\,cm - 2\,cm \cdot 3,5\,cm = 6,5\,cm^2)$

„U" $u = 2 \cdot 1,5\,cm + 2 \cdot 1,4\,cm + 4 \cdot 3,5\,cm + 2 \cdot 1\,cm = 21,8\,cm$

$A = \underline{2 \cdot 3,5\,cm^2 + 2,5\,cm^2 = 9,5\,cm^2}$ $(3,5 \cdot 4,5\,cm - 2 \cdot \left(\frac{1\,cm \cdot 1\,cm}{2}\right) - 1,5\,cm \cdot 3,5\,cm = 9,5\,cm^2)$

„F" $u = \underline{2 \cdot 1\,cm + 1,5\,cm + 1,25\,cm + 2 \cdot 1,1\,cm + 2 \cdot 1,75\,cm + 3,25\,cm + 4,5\,cm = 18,2\,cm}$

$A = \underline{4,5\,cm^2 + 1,5\,cm^2 + 2\,cm^2 = 8\,cm^2}$

„T" $u = \underline{3 \cdot 1\,cm + 3 \cdot 3,5\,cm + 2 \cdot 1,1\,cm = 15,7\,cm}$

$A = \underline{3,25\,cm^2 + 3,5\,cm^2 = 6,75\,cm^2}$

■ Anwenden und Vernetzen

4 Familie Groß möchte in die Wohnung, deren Grundriss hier abgebildet ist, umziehen.
Der Vermieter sagt, dass die monatliche Kaltmiete 5,50 € pro m² beträgt und mit 2,50 € pro m² Betriebskosten zu rechnen ist. Wie hoch ist die monatliche Miete für diese Wohnung?
Zusatzaufgabe: Verändere den Grundriss, sodass es ein Kinderzimmer gibt. Gib die Größen der Räume an.

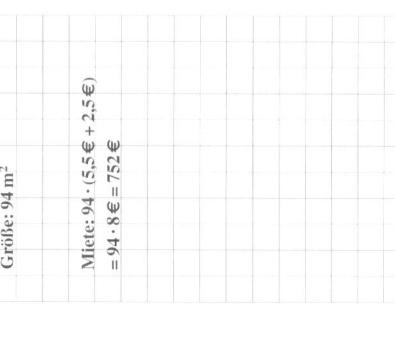

Größe: 94 m²

Miete: 94 · (5,5 € + 2,5 €)
= 94 · 8 € = 752 €

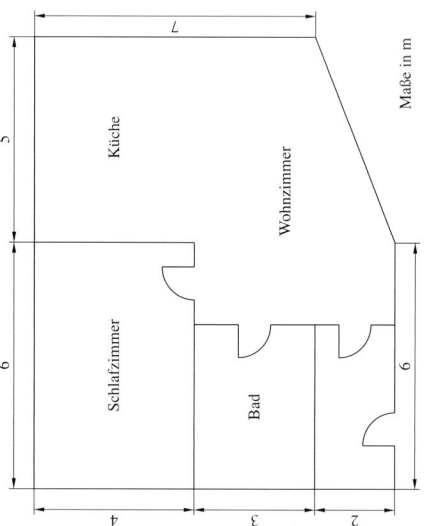

Maße in m

Die monatliche Miete beträgt 752 €.

Gleichungen durch Probieren lösen

▶ **Grundwissen**

Setzt man in eine Gleichung für die Variable eine Zahl ein, so entsteht eine wahre oder eine falsche Aussage.
Jede Zahl, die zu einer wahren Aussage führt, nennt man Lösung der Gleichung.
Eine Gleichung hat eine, keine oder mehrere Lösungen.

Beispiele:
$2 \cdot x + 1 = 7$ Lösung: 3
$y \cdot y + 1 = 5$ Lösungen: 2; -2

▶ Auftrag: Ergänze die Lösungen. Es sind ganze Zahlen zwischen -4 und 4.

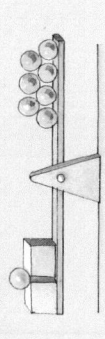

Trainieren

1 Setze in die Gleichungen für die Variablen die gegebenen Zahlen ein. Gib jeweils an, ob eine wahre bzw. falsche Aussage entsteht.

$10 \cdot x - 7 = 43$

$x=11$	$10 \cdot 11 - 7 = 43$	$103 = 43$ falsche Aussage
$x=7$	$10 \cdot 7 - 7 = 43$	$63 = 43$ falsche Aussage
$x=5$	$10 \cdot 5 - 7 = 43$	$43 = 43$ wahre Aussage
$x=1$	$10 \cdot 1 - 7 = 43$	$3 = 43$ falsche Aussage

$10 \cdot x - 7 = 43$ Lösung: 5

$x + 30 = 50 - 9$

$11 + 30 = 50 - 9$	$41 = 41$ wahre Aussage
$7 + 30 = 50 - 9$	$37 = 41$ falsche Aussage
$5 + 30 = 50 - 9$	$35 = 41$ falsche Aussage
$1 + 30 = 50 - 9$	$31 = 41$ falsche Aussage

$x + 30 = 50 - 9$ Lösung: 11

$\frac{1}{2} + x = 2x - 0{,}5$

$\frac{1}{2} + 11 = 2 \cdot 11 - 0{,}5$	$11{,}5 = 21{,}5$ falsche Aussage
$\frac{1}{2} + 7 = 2 \cdot 7 - 0{,}5$	$7{,}5 = 13{,}5$ falsche Aussage
$\frac{1}{2} + 5 = 2 \cdot 5 - 0{,}5$	$5\frac{1}{2} = 9{,}5$ falsche Aussage
$\frac{1}{2} + 1 = 2 \cdot 1 - 0{,}5$	$1{,}5 = 1{,}5$ wahre Aussage

$\frac{1}{2} + x = 2x - 0{,}5$ Lösung: 1

2 Löse die Gleichungen durch systematisches Probieren bzw. Überlegen.

a) $y - 7 = 35$ $y = 42$
b) $100 + x = 220$ $x = 120$
c) $14 \cdot a = 28$ $a = 2$
d) $k : 25 = 3$ $k = 75$
e) $f - 4 = 8$ $f = 12$
f) $g + 2 = 2$ $g = 0$
g) $b \cdot 0{,}5 = 2$ $b = 4$
h) $3 : d = 5$ $d = 0{,}6$
i) $2a - 0{,}5 = 2{,}1$ $a = 1{,}3$

3 Sind die angegebenen Lösungen richtig? Kreuze an.
a) $7a - 2 = 6a + 3$ Lösung: 5   ☒ richtig ☐ falsch
b) $0{,}5b + 7b = 8{,}5 - 1b$ Lösung: 2   ☐ richtig ☒ falsch
c) $4{,}5 : 0{,}5c = 9$ Lösung: 1   ☒ richtig ☐ falsch

4 Gib eine Gleichung an, die unendlich viele Lösungen hat.   z. B. $x + 7 = 3 + x + 4$ $(x + 7 = x + 7)$

---

5 Binde jeweils die Luftballons mit Lösungen an die richtige Tasche.

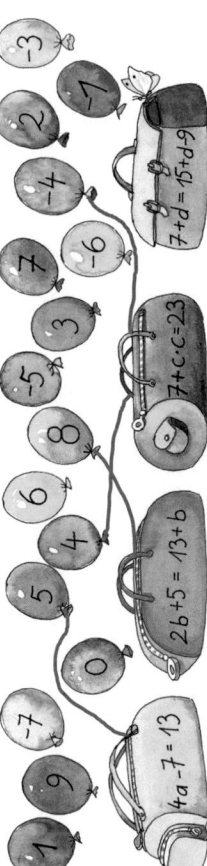

Taschen: $7 + d = 15 + d - 9$ $7 + c \cdot c = 23$ $2b + 5 = 13 + b$ $4a - 7 = 13$

6 Ergänze jeweils zuerst die Tabellen. Gib danach die Lösung der Gleichung an.

a)

a	2	4	6	8
$a+12$	14	16	18	20
$4a$	8	16	24	32

Die Lösung der Gleichung $a + 12 = 4a$ ist 4.

b)

b	2	4	6	8
$10b : 5$	4	8	12	16
$3b - 6$	0	6	12	18

Die Lösung der Gleichung $10b : 5 = 3b - 6$ ist 6.

c)

c	1	3	5	7
$2c$	2	6	10	14
$5c - 15$	-10	0	10	20

Die Lösung der Gleichung $2c = 5c - 15$ ist 5.

d)

d	0,1	0,2	0,5	0,9
$2d - 1{,}2$	-1	-0,8	-0,2	0,6
$1{,}3 - 3d$	1	0,7	-0,2	-1,4

Die Lösung der Gleichung $2d - 1{,}2 = 1{,}3 - 3d$ ist 0,5.

Anwenden und Vernetzen

7 Zum Einzäunen der abgebildeten Pferdekoppel stehen 80 m Zaun zur Verfügung.

a) Ermittle x.

$10\,\text{m} + 18\,\text{m} + 5\,\text{m} + x + 3\,\text{m} + x = 80\,\text{m}$

$36\,\text{m} + 2x = 80\,\text{m}$

$x = 22\,\text{m}$

b) Kann mit dem Zaun eine 410 m² große quadratische Koppel abgesteckt werden?

$80\,\text{m} : 4 = 20\,\text{m}$ $20\,\text{m} \cdot 20\,\text{m} = 400\,\text{m}^2$

Nein, der Zaun reicht nur für eine 400 m² große quadratische Pferdekoppel.

8 Formuliere zu den gegebenen Zusammenhängen Gleichungen und gib deren Lösungen an.

a) „Ich denke mir eine Zahl. Addiere ich zu ihr 17, erhalte ich 29."
Gleichung: $x + 17 = 29$ Lösung: 12

b) „Subtrahiere ich von einer gedachten Zahl 5, bleiben 36 übrig."
Gleichung: $x - 5 = 36$ Lösung: 41

c) „Addiere ich zur Hälfte einer Zahl ihr Doppeltes, ist das Ergebnis 25."
Gleichung: $\frac{x}{2} + 2x = 25$ Lösung: 10

Gleichungen durch Umformen lösen

▶ Grundwissen

Gleichungen kann man mithilfe folgender Äquivalenzumformungen lösen.
- Ordnen und Zusammenfassen auf einer Seite vom Gleichheitszeichen
- Addieren oder Subtrahieren desselben Terms auf beiden Seiten
- Multiplizieren oder Dividieren mit demselben Term (außer 0) auf beiden Seiten
- Tauschen der Rechenoperationen auf beiden Seiten
- Tauschen beider Seiten

▶ Auftrag: Kreuze an.

☒ wahr ☐ falsch
☒ wahr ☐ falsch
☒ wahr ☐ falsch
☐ wahr ☒ falsch
☒ wahr ☐ falsch

Trainieren

1 Wie viele ○ entsprechen x? Veranschauliche die Lösungsschritte und notiere passende Gleichungen.

a)
$$2x + 5 = 11 \quad | -5$$
$$2x = 6 \quad | :2$$
$$x = 3$$

b)
$$8 = 3x + 2 \quad | -2$$
$$6 = 3x \quad | :3$$
$$2 = x$$

c)
$$3x = x + 1 \quad | -x$$
$$2x = 1 \quad | :2$$
$$x = 0{,}5$$

2 Gib jeweils die ausgeführten Äquivalenzumformungen an.

a)
$$5x + 9 = 37 + x \quad | -x$$
$$4x + 9 = 37 \quad | -9$$
$$4x = 28 \quad | :4$$
$$x = 7$$

b)
$$6x - 3 = 10 + x - 3 \quad | -x$$
$$5x - 3 = 7 \quad | +3$$
$$5x = 10 \quad | :5$$
$$x = 2$$

c)
$$9 - 5x + 6 = -10x + 10 \quad | +10x$$
$$15 + 5x = 10 \quad | -15$$
$$5x = -5 \quad | :5$$
$$x = -1$$

3 Ermittle die Lösungen.

a)
$$7x - 5 = 16 \quad | +5$$
$$7x = 21 \quad | :7$$
$$x = 3 \qquad L = \{3\}$$

b)
$$7x + 10 - 3x = 28 \quad | -10$$
$$4x = 18 \quad | :4$$
$$x = 4{,}5 \qquad L = \{4{,}5\}$$

c)
$$13 = 5x - 3 + 3x \quad | +3$$
$$16 = 8x \quad | :8$$
$$2 = x \qquad L = \{2\}$$

---

4 Löse die Gleichungen.

a)
$$8a + 5 = 29 - 4a \quad | +4a$$
$$12a + 5 = 29 \quad | -5$$
$$12a = 24 \quad | :12$$
$$a = 2 \qquad L = \{2\}$$

b)
$$7b + 4 + 2b = 4b + 9 \quad | -4$$
$$9b = 4b + 5 \quad | -4b$$
$$5b = 5 \quad | :5$$
$$b = 1 \qquad L = \{1\}$$

c)
$$3 + c = -3 - 2c \quad | +2c$$
$$3 + 3c = -3 \quad | -3$$
$$3c = -6 \quad | :3$$
$$c = -2 \qquad L = \{-2\}$$

5 Die folgenden Gleichungen wurden nicht richtig gelöst. Unterstreiche die Fehler. Löse danach die Gleichungen.

a)
$$3x = -4x - 21 \quad | -4x$$
$$-x = -21 \quad | \cdot(-1)$$
$$x = 21$$

$$3x = -4x - 21 \quad | +4x$$
$$7x = -21 \quad | :7$$
$$x = -3 \qquad L = \{-3\}$$

b)
$$12y + 6 = 27 + 9y \quad | -9y$$
$$3y + 6 = 27 \quad | :3$$
$$y + 6 = 9$$
$$y = 3$$

$$12y + 6 = 27 + 9y \quad | -9y$$
$$3y + 6 = 27 \quad | -6$$
$$3y = 21 \quad | :3$$
$$y = 7 \qquad L = \{7\}$$

c)
$$15a - 24 = a - 4 \quad | +4$$
$$15a - 28 = a \quad | -15a$$
$$-28 = -14a \quad | :(-14)$$
$$2 = a$$

$$15a - 24 = a - 4 \quad | +24$$
$$15a = a + 20 \quad | -a$$
$$14a = 20 \quad | :14$$
$$a = \frac{20}{14} = \frac{10}{7} \qquad L = \left\{\frac{10}{7}\right\}$$

Anwenden und Vernetzen

6 Auf einem Bauernhof leben dreimal so viele Hühner wie Schweine. Außerdem gibt es noch sechs Ziegen.
Anton hat aus Spaß die Beine aller Tiere gezählt, es sind 114.

a) Gib entsprechende Terme an.

$4x$ steht für die Anzahl der Beine der Schweine.

$\dfrac{4 \cdot 6 = 24}{3 \cdot 2x = 6x}$ steht für die Anzahl der Beine der Ziegen.
  steht für die Anzahl der Beine der Hühner.

b) Ermittle, wie viele Hühner und Schweine es auf dem Bauernhof gibt.
Hinweis: Überprüfe dein Ergebnis am Text.

z.B.
$$4 \cdot x + (3 \cdot 2 \cdot x) + (4 \cdot 6) = 114$$
$$10x + 24 = 114 \quad | -24$$
$$10x = 90 \quad | :10$$
$$x = 9$$

Es gibt 9 Schweine, 6 Ziegen und 27 Hühner auf dem Bauernhof.

Sachaufgaben systematisch lösen

▶ Grundwissen

Sachaufgaben kann man in sechs Schritten lösen.

Beispiel: Zwei Winkel in einem Dreieck sind 57° und 48° groß. Berechne die Größe des dritten Winkels.

1. Schritt: Variable festlegen.

a (steht für den dritten Winkel)

2. Schritt: Term(e) bilden.

$a + 57° + 48° = a + 105°$

3. Schritt: Gleichung aufstellen.

$a + 105° = 180°$

4. Schritt: Gleichung lösen.

$a + 105° = 180°$ $| -105°$

$a = 75°$

5. Schritt: Lösung prüfen.

$75° + 57° + 48° = 180°$

6. Schritt: Antwort formulieren.

Der dritte Winkel ist 75° groß.

▶ Auftrag: Vervollständige das Beispiel.

Trainieren

1 Lege jeweils die Variable fest. Bilde Terme und stelle die Gleichung auf.

a) Wenn Moritz noch 6 € bekommt, hat er 100 €.

x steht für den Geldbetrag, den Moritz momentan hat.

Gleichung: $x + 6 € = 100 €$ $(x = 94)$

b) 125 Sticker wurden auf 20 Kinder verteilt. Jedes bekam gleich viele. Fünf blieben übrig. Wie viele bekam jedes Kind?

x steht für die Anzahl der Sticker, die jedes Kind bekam.

Gleichung: $20x + 5 = 125$ $(x = 6)$

c) Beim Ausflug muss jeder Schüler 2,90 € für die Fahrkarte, 5,60 € für den Eintritt und 3,20 € für die Verpflegung zahlen. 304,20 € wurden bereits eingesammelt. Wie viele Schüler haben bereits bezahlt?

x steht für die Anzahl der Schüler, die bereits bezahlt haben.

Gleichung: $(2,90 € + 5,60 € + 3,20 €) \cdot x = 304,20 €$ $(x = 26)$

2 Noah bekommt ab 1. Januar für jeden Monat 10 € Taschengeld. Er spart jeweils ein Viertel davon. Wann hat er 20 € zusammen?

Hinweis: Überlege, wie viel er jeweils am letzten und am ersten Tag eines Monats hat.

a) Lege die Variable fest. Bilde Terme und stelle die Gleichung auf.

x steht für die Anzahl der Monate, in denen ein Viertel gespart wird.

Gleichung: $(10 € : 4) \cdot x + 10 € = 20 €$

b) Beurteile die Antworten. Kreuze an.

Im April hat er 20 € zusammen.	☒ passende Antwort	☐ richtig	☒ falsch
Ende Februar hat er 5 € gespart.	☐ passende Antwort	☒ richtig	☐ falsch
Am 1. Mai hat er 20 € zusammen.	☒ passende Antwort	☒ richtig	☐ falsch

---

3 Wie alt sind die Mädchen?

Jule und ich sind Zwillinge.

Ich bin Jule und 3 Jahre älter als Janne.

In 9 Jahren bin ich doppelt so alt wie Janne jetzt. Zusammen sind wir 57, und ich bin die Jüngste.

1. Schritt: Variable festlegen. x steht für das Alter von Janne.

2. Schritt: Terme bilden. $2x - 9$ steht für das Alter des linken Mädchens.

$x + 3$ steht für das Alter der Zwillinge.

3. Schritt: Gleichung aufstellen. $57 = x + (2x - 9) + (x + 3) + (x + 3)$

4. Schritt: Gleichung lösen.

$57 = 5x - 3$ $| +3$

$60 = 5x$ $| :5$

$12 = x$

5. Schritt: Lösung prüfen. $57 = 12 + 2 \cdot 12 - 9 + (12 + 3) + (12 + 3)$ Die Aussage ist wahr.

6. Schritt: Antwort formulieren.   Janne ist 12 und die anderen Schülerinnen sind jeweils 15 Jahre alt.

Anwenden und Vernetzen

4 Berechne das Alter von Henri und Jacob.

Henri sagt: „Mein Bruder ist doppelt so alt wie ich. Mein Opa ist viermal so alt wie mein Bruder. Werden alle unsere Alter addiert und verdoppelt, so ergibt das 220 Jahre."

Jacob sagt: „Meine Mama war 22, als ich geboren wurde. Mein Vater ist 5 Jahre älter als sie und heute halb so alt wie mein Opa. Mein Opa ist 80 Jahre alt."

h	steht für das Alter von Henri.	j	steht für das Alter von Jacob.
$2h$	steht für das Alter von Henris Bruder.	$j + 22 + 5$	steht für das Alter vom Vater.
$4 \cdot 2h = 8h$	steht für das Alter vom Opa.		
$220 = 2 \cdot (h + 2h + 8h)$		$80 = 2 \cdot (j + 22 + 5)$	
$220 = 22h$ $\vert : 22$		$80 = 2j + 54$ $\vert -54$	
$10 = h$		$26 = 2j$ $\vert : 2$	
		$13 = j$	
$220 = 2 \cdot (10 \cdot 10 + 8 \cdot 10)$ Die Aussage ist wahr.		$80 = 2 \cdot (13 + 22 + 5)$ Die Aussage ist wahr.	

Henri ist 10 Jahre alt.   Jacob ist 13 Jahre alt.

5 Ein rechteckiges Blatt hat einen Umfang von 48 cm. Die eine Seite ist 2 cm länger als die andere. Berechne die Seitenlängen und den Flächeninhalt des Blattes.

a	steht für die Länge des Rechtecks.	$48 \text{ cm} = 2 \cdot a + 2 \cdot (a + 2 \text{ cm})$
$a + 2 \text{ cm}$	steht für die Breite des Rechtecks.	$48 \text{ cm} = 4 \cdot a + 4 \text{ cm}$ $\vert -4 \text{ cm}$
$2 \cdot a + 2 \cdot (a + 2 \text{ cm})$	steht für den Umfang des Rechtecks.	$44 \text{ cm} = 4 \cdot a$ $\vert : 4$
		$11 \text{ cm} = a$
$11 \text{ cm} + 2 \text{ cm} = 13 \text{ cm}$	$11 \text{ cm} \cdot 13 \text{ cm} = 143 \text{ cm}^2$	

Die Seiten des Rechtecks sind 11 cm und 13 cm lang. Der Flächeninhalt beträgt 143 cm².

Prozentangaben

▶ **Grundwissen**

Brüche mit dem Nenner 100 können leicht als Dezimalzahl und in Prozentschreibweise angegeben werden.

Es gilt: $\frac{1}{100} = 0{,}01 = 1\%$

Beispiele:

$\frac{57}{100} = 57\%$ $\frac{4}{10} = \frac{40}{100} = 40\%$ $0{,}27 = \frac{27}{100} = 27\%$

▶ Auftrag: Ergänze die Prozentangaben.

Trainieren

1 Wandle zuerst, wenn möglich, in Brüche mit dem Nenner 100 und danach in Prozentschreibweise um.

a) $0{,}81 = \frac{81}{100} = 81\%$ b) $1{,}24 = \frac{124}{100} = 124\%$ c) $0{,}\overline{2} =$ | $22{,}\overline{2} : 100 = 22{,}\overline{2}\%$

d) $\frac{7}{50} = \frac{14}{100} = 14\%$ e) $\frac{9}{25} = \frac{36}{100} = 36\%$ f) $\frac{5}{200} =$ | $2{,}5 : 100 = 2{,}5\%$

2 Wandle in Dezimalzahlen um.

a) $77\% = 0{,}77$ b) $83\% = 0{,}83$ c) $0{,}69\% = 0{,}0069$

d) $123\% = 1{,}23$ e) $50\% = 0{,}5$ f) $5\% = 0{,}05$

3 Wandle in Brüche um.

a) $7\% = \frac{7}{100}$ b) $15\% = \frac{15}{100} = \frac{3}{20}$ c) $2{,}9\% = \frac{29}{1000}$

d) $18\% = \frac{18}{100} = \frac{9}{50}$ e) $1{,}3\% = \frac{13}{1000}$ f) $257\% = \frac{257}{100}$

4 Ergänze.
Hinweis: Rechne wenn nötig auf einem zusätzlichen Blatt.

Bruch	$\frac{1}{100}$	$\frac{1}{10} = \frac{10}{100}$	$\frac{20}{100} = \frac{1}{5}$	$\frac{25}{100} = \frac{1}{4}$	$\frac{1}{2}$	$\frac{75}{100} = \frac{3}{4}$	$\frac{100}{100} = 1$
Dezimalzahl	0,01	0,1	0,2	0,25	0,5	0,75	1
Prozentschreibweise	1%	10%	20%	25%	50%	75%	100%

5 Vergleiche.

a) $50\% < 0{,}51$ b) $75\% > 0{,}57$ c) $3\% = 0{,}03$ d) $99\% < 1$

e) $150\% > 0{,}15$ f) $0{,}17\% < 1{,}7$ g) $1{,}05\% < 0{,}015$ h) $45\% > 0{,}054$

i) $\frac{1}{2} > 20\%$ j) $\frac{2}{20} = 10\%$ k) $2 < 300\%$ l) $0{,}99 > 9{,}9\%$

m) $\frac{12}{16} = 75\%$ n) $\frac{9}{10} > 80\%$ o) $\frac{7}{20} < 40\%$ p) $\frac{1}{5} > 10\%$

6 Färbe jeweils den angegebenen Anteil der Fläche ein.

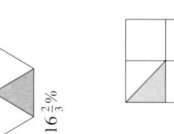 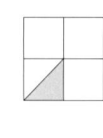

75%   25%   50%   125%   70%

100%   16⅔%

12,5%   33⅓%

7 Wie viel Prozent der Fläche sind jeweils eingefärbt?

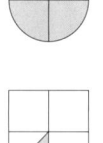  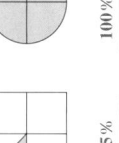

75%   30%   50%

12,5%

8 Gib die Anteile in Prozent an.

a) 7 m von 70 m sind __10%__. b) 6 Sitze von 300 Sitzen sind __2%__. c) 4 Autos von 1 000 Autos sind __0,4%__.

Anwenden und Vernetzen

9 Wer war beim Korbwurf erfolgreicher?

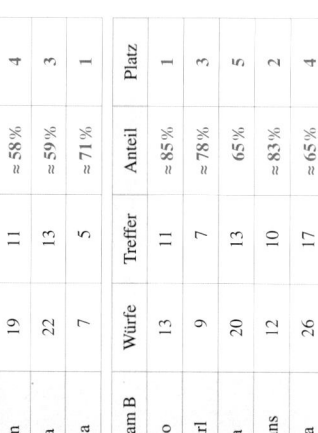

Team A	Würfe	Treffer	Anteil	Platz
Anna	17	9	≈ 53%	5
Tim	8	5	≈ 63%	2
Jim	19	11	≈ 58%	4
Ina	22	13	≈ 59%	3
Lea	7	5	≈ 71%	1

Team B	Würfe	Treffer	Anteil	Platz
Leo	13	11	≈ 85%	1
Carl	9	7	≈ 78%	3
Pia	20	13	65%	5
Hans	12	10	≈ 83%	2
Uta	26	17	≈ 65%	4

a) Ermittle, welchen Platz jeder in seinem Team belegte.

b) Welches Team war besser?
z.B.
58,90% der Würfe von Team A waren Treffer und
72,5% von Team B: Team B war somit besser.

c) Pia möchte, dass mindestens 80% ihrer Würfe Treffer werden.
Wie viele Treffer sollte sie demzufolge mindestens schaffen?

Sie sollte mindestens 16 Treffer schaffen.

Team A:
insgesamt 73 Würfe, davon insgesamt 43 Treffer
$43 : 73 \approx 58{,}90\%$

Team B:
insgesamt 80 Würfe, davon insgesamt 58 Treffer
$58 : 80 = 72{,}50\%$

$80\% = \frac{80}{100}$
$\frac{80}{100}$ von 20 Würfen sind 16 Würfe.

Begriffe der Prozentrechnung

▶ Grundwissen

In der Prozentrechnung unterscheidet man zwischen
Prozentsatz $p\%$, (Anteil eines Ganzen) und
Prozentwert W (Größe des Anteils)
Grundwert G. (Größe eines Ganzen)

Beispiele:

Wie viel Prozent sind 7 Schüler von 50 Schülern?

Ermittle 16% von 50 Schülern.

50 Schüler sind bereits angemeldet. Das sind 20%. Gib die Gesamtzahl an.

• Berechnung mit Dreisatz:

Schüler	Anteil ($p\%$)
20	100%
1	5%
7	35%

:20 :20 · 7 · 7

Anteil ($p\%$)	Schüler
100%	50
1%	0,5
16%	8

:100 :16 · 16

Anteil ($p\%$)	Schüler
20%	50
1%	2,5
100%	250

:20 · 100

• Berechnung mit Formeln:

$p\% = \frac{W}{G}$

$p\% = \frac{7}{20} = 0,35 = 35\%$

$W = \frac{p \cdot G}{100}$

$W = \frac{16 \cdot 50}{100} = 8$

$G = \frac{W \cdot 100}{p}$

$G = \frac{50 \cdot 100}{20} = 250$

▶ **Auftrag:** Ergänze die Berechnungen mit Formeln.

Trainieren

1 Berechne die Prozentsätze.
a) 3 cm von 15 cm sind 20%.
b) 15 kg von 60 kg sind 25%.
c) 9 € von 36 € sind 25%.
d) 18 cm von 50 cm sind 36%.
e) 0,2 kg von 20 kg sind 1%.
f) 0,50 € von 20 € sind 2,5%.

2 Berechne die Prozentwerte.
a) 25% von 40 € sind 10 €.
b) 7% von 20 kg sind 1,4 kg.
c) 75% von 200 m sind 150 m.
d) 30% von 80 cm sind 24 cm.
e) 11% von 25 € sind 2,75 €.
f) 2,5% von 10 cm sind 0,25 cm.

3 Berechne die Grundwerte.
a) 10% von 30 € sind 3 €.
b) 11% von 100 kg sind 11 kg.
c) 20% von 250 m sind 50 m.
d) 13% von 200 cm sind 26 cm.
e) 7% von 50 g sind 3,5 g.
f) 3,1% von 200 g sind 6,2 g.

4 Berechne die fehlenden Größen mithilfe der Formeln.
Runde die Ergebnisse auf die zweite Stelle nach dem Komma.

W	39,51	895 m	78,50 €	76,1 t	831 m	15,65 ha	8,04 s	17,8 ml	1312 g
$p\%$	5%	16,99%	119%	47%	58,03%	96%	0,98	12%	2%
G	790 l	5267 m	65,97 €	161,91 t	1432 m	16,3 ha	8,2 s	148,33 ml	65600 g

---

5 Die Länge des schwarzen Rahmens stellt den Grundwert dar. Vervollständige die Angaben bzw. die Abbildungen.
a) Die Länge verringerte sich auf 50%.
b) Die Länge erhöhte sich auf 110%.
c) Die Länge nahm um 25% ab.
d) Die Länge nahm um 20% zu.

6 Entscheide, ob ein Anstieg auf 110% oder ein Anstieg um 110% dargestellt wurde.

40 mm — Anstieg auf 110%.

40 mm — Anstieg um 110%.

7 Berechne die fehlenden Größen.
Hinweis: Rechne wenn nötig auf einem zusätzlichen Blatt.

alter Preis	120,00 €	70,00 €	24,00 €	5,50 €	600,00 €	450,00 €
Verminderung um …	–	50%	25%	–	–	10%
Vermehrung um …	3%	–	–	100%	10%	–
neuer Preis	123,60 €	35,00 €	18,00 €	11,00 €	660 €	405,00 €
Wachstumsfaktor	103%	50%	75%	200%	110%	90%

Anwenden und Vernetzen

8 Was meinst du zu den Überlegungen des Radiokäufers?

Der Radiokäufer irrt sich, wenn er glaubt,

dass 4% immer 20 € sind,

4% von 80 € sind nur 3,20 €.

Wenn er auch 4% Rabatt bekommt, kostet das Radio 76,80 €.

9 Lina und Marie sind auf der Suche nach neuen Handys.
Sie wollen sich dasselbe Modell mit verschiedenen Oberschalen preisgünstig kaufen.
Lina prahlt: „Mein Händler reduziert für uns den Handypreis um 30%. Erst sollte eins 169 € kosten."
Marie sagt: „Mein Angebot ist günstiger. Es wurde um 35% reduziert. Das Handy kostete vorher 185 €."
Was meinst du dazu?
Zusatzaufgabe: Erkläre, wie Marie zu dieser Behauptung kommen kann.   individuelle Lösung

Lina: 100% − 30% = 70% $W = \frac{p \cdot G}{100} = \frac{70 \cdot 169 €}{100} = 118,30 €$

Marie: 100% − 35% = 65% $W = \frac{p \cdot G}{100} = \frac{65 \cdot 185 €}{100} = 120,25 €$

Das Angebot von Lina ist etwas günstiger.

Sachaufgaben zur Prozentrechnung

▶ **Grundwissen**

Schrittfolge beim Lösen von Sachaufgaben zur Prozentrechnung.
1. Schritt: Überlege, was der Grundwert, was der Prozentwert bzw. was der Prozentsatz ist.
2. Schritt: Entscheide dich für einen Lösungsweg und berechne dementsprechend das Ergebnis.
3. Schritt: Überprüfe, ob dein Ergebnis stimmen kann. Passt es zum Überschlag und zum Aufgabentext?
4. Schritt: Formuliere einen sinnvollen Antwortsatz.

▶ Auftrag: Unterstreiche je Schritt höchstens drei wichtige Wörter.   individuelle Lösung

Trainieren

1 Unterstreiche jeweils den Grundwert, den Prozentwert und den Prozentsatz. Lege zuvor Farben fest.
   □ Grundwert ——   □ Prozentwert ～～～   □ Prozentsatz - - - - -

a) Eine Gurke ist 550 g schwer und besteht zu ca. 90% aus Wasser. Welche Masse Wasser enthält sie demzufolge?

b) Jeden Tag sind durchschnittlich 5% der 29 Schülerinnen und Schüler einer siebten Klasse krank. Mit wie vielen Kranken ist demzufolge im Durchschnitt zu rechnen?

c) Von den 1320 Schülerinnen und Schülern einer Schule gehören 165 der siebten Jahrgangsstufe an. Wie viel Prozent sind das?

d) Der Preis eines 59,99 € teuren Trikots wird um 25 Prozent reduziert. Wie viel kostet es nach der Reduzierung?

e) Zwölf Schülerinnen und Schüler planen eine Abschlussfeier. Das sind fünf Prozent aller Teilnehmer. Wie viele Personen nehmen an dieser Feier teil?

f) Bei einer Kontrolle der Polizei wurden insgesamt 750 Fahrräder überprüft. 435 der Räder wiesen kleine Mängel auf und 15 Räder wurden wegen schwerer Mängel aus dem Verkehr gezogen. Wie viel Prozent der Fahrräder wiesen insgesamt Mängel auf? Wie viel Prozent wurden aus dem Verkehr gezogen?   2%
42%

2 Bewerte jeweils die Antwortsätze zu den Teilaufgaben von Aufgabe 1.
Entscheide dazu, ob das Ergebnis der Rechnung richtig ist und ob die Antwort zum Aufgabentext passend ist.

zu a)
Rund 500 g der Gurke sind Wasser.
☒ richtig □ falsch ☒ passend □ nicht passend
Genau 495 g einer 550 g schweren Gurke sind Wasser.
☒ richtig □ falsch □ passend Diese „Genauigkeit" ist nicht sinnvoll.

zu b)
Im Durchschnitt gibt es ein bis zwei Kranke.
☒ richtig □ falsch ☒ passend Augenmerk liegt auf der Anzahl der Kranken.
Es ist mit 1,45 Kranken zu rechnen.
☒ richtig □ falsch □ passend Augenmerk liegt auf dem Rechnen.

zu c)
$\frac{1}{8}$ der Schülerinnen und Schüler einer Schule gehören der siebten Jahrgangsstufe an.
☒ richtig □ falsch ☒ passend □ nicht passend
12,5% der Schülerinnen und Schüler einer Schule gehören der siebten Jahrgangsstufe an.
☒ richtig □ falsch ☒ passend □ nicht passend

zu d)
Es kostet nach der Reduzierung 41,67 €.
□ richtig ☒ falsch ☒ passend Laut Überschlag könnte das Ergebnis stimmen.
Es kostet nach der Reduzierung 44,9925 €.
☒ richtig □ falsch □ passend Es kostet nach der Reduzierung 44,99 €.

zu e)
240 Personen nehmen an dieser Feier teil.
☒ richtig □ falsch ☒ passend □ nicht passend
42 Gäste werden zur Feier erwartet.
□ richtig ☒ falsch □ passend ☒ nicht passend

3 Formuliere zur dargestellten Situation zwei Aufgaben und löse diese.
Hinweis: Kontrolliert die Ergebnisse gegenseitig.
z. B.
Auf wie viel Prozent des alten Preises stieg der Preis?

1,439 € : 1,379 € ≈ 104,35%

Der Preis stieg auf 104,35% des alten Preises.

Um wie viel Prozent stieg der Preis?

Er stieg um rund 4,35%.

Anwenden und Vernetzen

4 Was halten Jugendliche von neuen Handys?
Handys sind heute viel mehr als nur ein mobiles Telefon. Zahlreiche Modelle verfügen über einen Taschenrechner, eine Kamera, einen MP3-Player ... . Viele der Jugendlichen zwischen 14 und 24 Jahren sind davon überzeugt, dass sie auf ein eigenes Handy nicht verzichten können. Für 7 von 10 – das waren 959 Befragte – ist die tägliche Nutzung selbstverständlich. 256 sind der Meinung: Wer kein Handy hat, ist isoliert, weil man sie oder ihn beispielsweise nicht immer erreichen kann und spontane Verabredungen somit oft nicht möglich sind. Etwa jeder Dritte besaß in den letzten zwei Jahren unterschiedliche Handys. Obwohl mehr als 75% aller Befragten gesundheitliche Schäden beispielsweise durch falsche bzw. zu lange Nutzung sehen, befürchten ca. $\frac{2}{3}$ aller Befragten gesundheitliche Nachteile in der Handynutzung. Mehrere Antworten waren möglich.

a) Für wie viel Prozent der Befragten ist die tägliche Nutzung des Handys selbstverständlich?

Für 70% ist die tägliche Nutzung selbstverständlich.

b) Wie viele Personen wurden befragt?

1370 Personen wurden befragt.

c) Wie viele sehen mehr Vorteile als Nachteile in der Handynutzung?

1028 Befragte sehen mehr Vorteile als Nachteile in der Handynutzung.

d) Wie viele der Befragten besaßen in den letzten zwei Jahren unterschiedliche Handys?

Rund 460 Befragte besaßen in den zwei Jahren unterschiedliche Handys.

e) Wie viel Prozent der Befragten befürchten gesundheitliche Schäden aufgrund der Handynutzung?

Rund 67% der Befragten befürchten keine Gesundheitsschäden.

f) Wie viele Befragte befürchten keine Gesundheitsschäden?

Rund 460 der Befragten befürchten keine Gesundheitsschäden.

Begriffe der Zinsrechnung

▶ Grundwissen

In der Zinsrechnung sind die Bezeichnungen anders als in der Prozentrechnung, man unterscheidet zwischen
Zinssatz p% (p. a.), Jahreszinsen Z und Kapital K.
(Prozentsatz p%) (Prozentwert W) (Grundwert G)

Beispiele:

Für das Leihen von 200 € sind nach einem Jahr 40 € zu zahlen. Berechne den Zinssatz.

Der Zinssatz für geduldete Überziehung beträgt 12%. Berechne die Jahreszinsen für 50 €.

50 € Zinsen wurden nach einem Jahr gezahlt. Der Zinssatz war 2% p. a. Berechne das Anfangskapital.

• Berechnung mit Dreisatz:

Betrag in €	Anteil (p%)
200	100%
1	0,5%
40	20%

:200 · :200 · ·40 · ·40

Anteil (p%)	Betrag in €
100%	50
1%	0,5
12%	6

:100 · ·12

Anteil (p%)	Betrag in €
2%	50
1%	25
100%	2500

:2 · ·100

• Berechnung mit Formeln:

$p\% = \frac{Z}{K}$

$p\% = \frac{40}{200} = 0,2 = 20\%$

$Z = \frac{p \cdot K}{100}$

$Z = \frac{12 \cdot 50\,€}{100} = 6\,€$

$K = \frac{Z \cdot 100}{p}$

$K = \frac{50 \cdot 100\,€}{2} = 2500\,€$

▶ **Auftrag:** Ergänze die Formeln und die Berechnungen mit Formeln.

Trainieren

1 Ergänze die Zinssätze, die Jahreszinsen bzw. das Kapital.

a) Frau Arndt leiht sich für ein Jahr 50 € und zahlt dafür 3,00 € Zinsen bei einem Zinssatz von 6% p.a.

b) Frau Clas legt für ein Jahr 4000 € an und erhält dafür 128,00 € Zinsen bei einem Zinssatz von 3,2% p.a.

c) Herr Drake leiht sich für ein Jahr 800 € zu einem Zinssatz von 12,5% p. a. Seine Jahreszinsen betragen 100 €.

d) Herr Ernst leiht sich für ein Jahr 300 € zu einem Zinssatz von 11,5% p. a. Seine Jahreszinsen betragen 34,50 €.

e) Frau Genz zahlte bei einen Zinssatz von 10% nach einem Jahr 200 € Zinsen. Sie lieh sich demnach 2000 €.

f) Herr John erhielt bei einen Zinssatz von 1,53% nach einem Jahr 30,60 € Zinsen. Er legte demnach 2000 € an.

2 Ergänze die Tabelle.

Z	520 €	900 €	456,75 €	565,11 €	39,30 €	121,75 €	0,12 €
K	4000 €	12000 €	8700 €	4186 €	7860 €	48700 €	137,50 €
p%	13%	7,5%	5,25%	13,5%	0,5%	0,25%	0,09%

3 Färbe je zwei gleichartige Formeln gleich ein.

$p\% = \frac{Z}{K}$ **A** $Z = \frac{p \cdot K}{100}$ **B** $K = \frac{Z \cdot 100}{p}$ **C**

$G = \frac{W \cdot 100}{p}$ **C** $p\% = \frac{G}{W}$ **A** $W = \frac{p \cdot G}{100}$ **B**

---

4 Bankgeschäfte

a) Frau Schmidt erhielt nach einem Jahr 12,20 € Zinsen für 500 €.
Herr Len bekam bei einer anderen Bank nach einem Jahr 19,52 € Zinsen für 800 €.
Wer hatte den höheren Zinssatz?

Frau Schmidt: $p\% = \frac{12,20\,€}{500\,€} = 2,44\%$ Herr Len: $p\% = \frac{19,52\,€}{800\,€} = 2,44\%$

Frau Schmidt und Herr Len haben ihr Geld zum gleichen Zinssatz von 2,44% angelegt.

b) Frau Bag legt Geld stets für ein Jahr an. Sie lässt sich jeweils am Ende der Laufzeit die Zinsen zusammen mit dem Anfangskapital auszahlen.
Dieses Jahr bekam sie 74,75 € Zinsen bei 2,3% p. a. und im letzten Jahr waren es 72,00 € bei 2,4% p. a.
Wie viel hatte sie in den beiden Jahren angelegt?

letztes Jahr: $K = \frac{74,75\,€ \cdot 100}{2,3} = 3250\,€$ vorletztes Jahr: $K = \frac{72,00\,€ \cdot 100}{2,4} = 3000\,€$

Sie hatte im letzten Jahr 3250 € und im vorletzten Jahr 3000 € angelegt.

c) Herr Reiner leiht sich für ein Jahr 2599 € für 5,8% p. a.
Berechne den Betrag, der nach einem Jahr an die Bank zu zahlen ist.

$Z = \frac{5,8 \cdot 2599\,€}{100} \approx 150,742\,€$ $2599\,€ + 150,742\,€ = 2749,74\,€$

2749,74 € sind nach einem Jahr an die Bank zu zahlen.

5 Ergänze die Sätze.
Hinweis: Prüfe jeweils, ob das Ergebnis stimmen kann, indem du damit eine gegebene Angabe berechnest.

a) Jana hat 560 € auf ihrem Konto. Sie erhält 3,1% Zinsen p. a. Nach einem Jahr sind 577,36 € auf dem Konto.

b) Familie Krüger hat einen Kredit für 7,2% Zinsen p. a. 108,00 € Zinsen zahlen sie nach einem Jahr für 1500 €.

c) Der Zinssatz bei der X-Bank beträgt 4% p. a. und die nach einem Jahr zu zahlenden Zinsen 50,40 € bei einer Kreditsumme von 1000 €. Die Bearbeitungsgebühr ist 1%. Sie wird auf die Kreditsumme aufgeschlagen.

Anwenden und Vernetzen

6

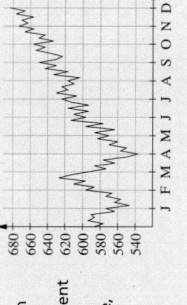

Profitieren auch Sie von den Gewinnchancen der Börse mit Ihrem Sparkonto. Sie legen Ihr Geld für ein Jahr fest bei uns an. Wir gewähren Ihnen dafür einen Basiszins von einem Prozent.
Wenn die Börse zum Wochenende im Plus schließt (also um einige Prozent gestiegen ist), verzinsen wir Ihren Anlagebetrag zusätzlich mit dem gleichen Prozentsatz für diese sieben Tage rückwirkend am Jahresende, jedoch mit maximal 5% zu Ihren garantierten 1%.
Wenn die Börse Verluste macht, bekommen Sie nur den Basiszins.
Ihre dadada-Bank

a) Mit welchem Zinssatz kann ein Anleger maximal rechnen? Ein Anleger kann mit maximal 6% rechnen.

b) Man kann sein Geld auch für 3% p. a. anlegen. Ist dies eine interessante Alternative?
z. B.
Garantierte 3% p. a. sind eine Alternative, da auch in guten Börsenjahren wenig mehr zu erwarten ist.

c) Der Börsenkurs ist in einem Jahr um 22% gestiegen. Erläutere die Entwicklung des Sparguthabens.
z. B.
Auch in einem sehr guten Börsenjahr gibt es Wochen mit fallenden oder gleich bleibenden Kursen.
Es können keine 6% p. a. erzielt werden.

Zinsen für unterschiedliche Anlagedauern

▶ Grundwissen

Durch Multiplizieren der Zinsen für ein Jahr mit dem Anteil des Jahres, für den Zinsen zu zahlen sind, erhält man Zinsen für unterschiedliche Anlagedauern. Oft gilt: 1 Monat = 30 Tage; 1 Jahr = 360 Tage.

- Zinsen für ein Jahr: $Z = \frac{p \cdot K}{100}$
- Zinsen für d Tage: $Z_d = \frac{p \cdot K}{100} \cdot \frac{d}{360}$
- Zinsen für m Monate: $Z_m = \frac{p \cdot K}{100} \cdot \frac{m}{12}$

Beispiel: 2000 € werden mit 3% p. a. verzinst.

Zinsen für 1 Jahr: $\quad Z = \frac{3 \cdot 2000\,€}{100} = 60\,€$

Zinsen für 60 Tage: $\quad Z = \frac{3 \cdot 2000\,€}{100} \cdot \frac{60}{360} = 60\,€ \cdot \frac{1}{6} = 10\,€$

Zinsen für 4 Monate: $\quad Z = \frac{3 \cdot 2000\,€}{100} \cdot \frac{4}{12} = 60\,€ \cdot \frac{1}{3} = 20\,€$

▶ Auftrag: Ergänze im Beispiel die Anlagedauern.

Trainieren

1 Ergänze die Tabelle.

a) 10000,00 € werden mit 3 % p. a. unterschiedlich lange verzinst. Berechne die Zinsen.
Hinweis: Überlege, wie man mit geringem Aufwand schnell zu den Ergebnissen kommt.

Kapital	10000,00 €	10000,00 €	10000,00 €	10000,00 €	10000,00 €	10000,00 €
Zinssatz p. a.	3 %	3 %	3 %	3 %	3 %	3 %
Anlagedauer	1 Jahr	30 Tage	72 Tage	3 Monate	5 Monate	halbes Jahr
Zinsen	300,00 €	25,00 €	60,00 €	75,00 €	125,00 €	150,00 €

b) Berechne die Zinsen.

Kapital	7500,00 €	7400,00 €	2500,00 €	2500,00 €	750,00 €	500,00 €
Zinssatz p. a.	2 %	2,5 %	3,25 %	8 %	11,5 %	16,2 %
Anlagedauer	90 Tage	90 Tage	330 Tage	2 Monate	7 Monate	viertel Jahr
Zinsen	37,50 €	46,25 €	74,48 €	33,33 €	50,31 €	20,25 €

2 Verbinde mit Linien mindestens zwei zusammenpassende Angaben zu Kapital, Zinssatz, Anlagedauer und Zinsen.
Hinweis: Fünf zusammenpassende Angaben sind zu finden.

Kapital	1500,00 €	4500,00 €	800,00 €	2500,00 €	900,00 €	2000,00 €
Zinssatz p. a.	12,2 %	5 %	2,5 %	3,25 %	12,5 %	0,5 %
Anlagedauer	viertel Jahr	90 Tage	90 Tage	144 Tage	2 Monate	2 Monate
Zinsen	45,75 €	25,00 €	45,00 €	1,67 €	7,50 €	116,67 €

3 Eine Bank bietet einen Zinssatz von 3,5 %, wenn 10000,00 € für 3,5 Jahre angelegt werden.
Jeder Kunde kann entscheiden, ob seine Zinsen am Ende jedes Jahres ausgezahlt werden oder erst nach 3,5 Jahren.
Ergänze die Tabellen und berechne den Unterschied der insgesamt ausgezahlten Zinsen.

Zinsen werden am Ende jedes Jahres ausgezahlt

	Zinsen	Kapital
Anfang		10000,00 €
1 Jahr	350,00 €	10000,00 €
2 Jahre	350,00 €	10000,00 €
3 Jahre	350,00 €	10000,00 €
3,5 Jahre	175,00 €	10000,00 €

Zinsen werden erst nach 3,5 Jahren ausgezahlt

	Zinsen	Kapital
Anfang		10000,00 €
1 Jahr	350,00 €	10350,00 €
2 Jahre	362,25 €	10712,25 €
3 Jahre	374,93 €	11087,18 €
3,5 Jahre	194,03 €	11279,54 €

Wenn die Zinsen am Ende jedes Jahres ausgezahlt werden, kommen 1225,00 € Zinsen zusammen.
Wenn die Zinsen am Ende der 3,5 Jahre ausgezahlt werden, kommen 1279,54 € Zinsen zusammen.

$1279,54 € - 1225,00 € = 54,54 €$ Die Differenz der Zinsen beträgt 54,54 €.

Anwenden und Vernetzen

4 Herr Zukunft hat ein Sparbuch mit gestaffelten Zinssätzen.
Am 1. Januar eines Schaltjahres (366 Tage) waren 5850,00 € auf seinem Sparbuch.
Am 28. März hat er 890,00 € abgehoben und am 20. Dezember 1980,00 €.
Am 7. Mai wurden 4570,00 € eingezahlt, am 14. August 740,00 € und am 12. Oktober 580,00 €.
Berechne taggenau ($\frac{x}{366}$) das Guthaben von Herrn Zukunft am 1. Januar des Folgejahres.

Kalender Januar 2020 bis Dezember 2020

Zinssatz p. a.	Kapital
1,50 %	unter 1000,00 €
2,00 %	über 1000,00 € bis 5000,00 €
2,50 %	über 5000,00 € bis 10000,00 €
2,75 %	über 10000,00 € bis 20000,00 €
3,00 %	über 20000,00 € bis 50000,00 €
3,50 %	über 50000,00 €

Zeitraum	Kapital	Zinssatz p. a.	Anlagezeit	Zinsen
1. Januar bis 27. März	5850,00 €	2,50 %	87 d	≈34,76 €
28. März bis 6. Mai	4960,00 €	2,00 %	40 d	≈10,84 €
7. Mai bis 13. August	9530,00 €	2,50 %	99 d	≈64,44 €
14. August bis 11. Oktober	10270,00 €	2,75 %	59 d	≈45,53 €
12. Oktober bis 19. Dezember	10850,00 €	2,75 %	69 d	≈56,25 €
20. Dezember bis 31. Dezember	8870,00 €	2,50 %	12 d	≈7,27 €

$8870,00 € + 219,09 € = 9089,09 €$

Herr Zukunft hat am 1. Januar des Folgejahres 9089,09 € auf dem Sparbuch.

Prismen erkennen und beschreiben

▶ Grundwissen

Ein Prisma hat folgende Eigenschaften:
- Die Grund- und Deckfläche sind zueinander kongruente und parallele n-Ecke.
- Die Seitenflächen sind Rechtecke.
- Der Abstand zwischen Grund- und Deckfläche ist die Körperhöhe des Prismas.

Beispiel:

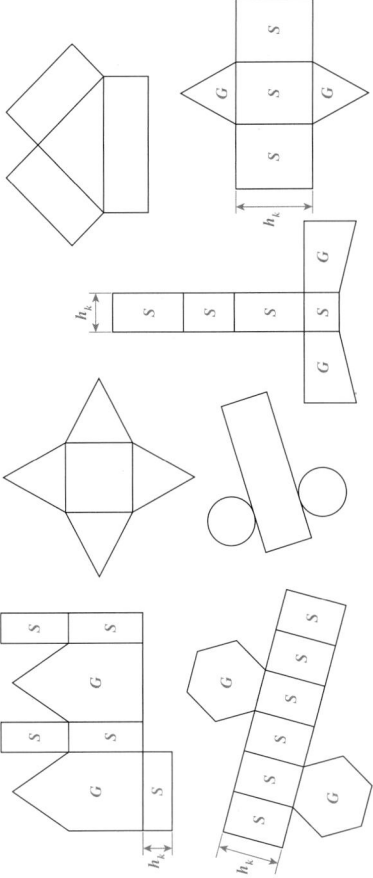

▶ Auftrag: Ergänze die Bezeichnungen auf den Linien.

Trainieren

1 Prismen?

a) Kreuze in den Tabellen die Prismen an.

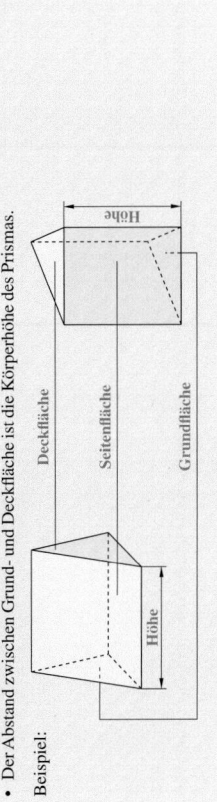

Körper	①	②	③	④	⑤	⑥
Prisma	×	×		×	×	×

Körper	⑦	⑧	⑨	⑩	⑪
Prisma	×	×	×		×

b) Welche der Buchstaben im Bild haben die Form eines Prismas?

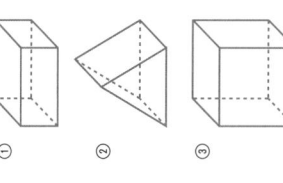

Körper	H	O	L	Z	T	E	C	H	N	I	K
Prisma	×		×	×	×			×			×

2 Welche der folgenden Flächen können die Grundfläche eines Prismas sein? Markiere sie.

3 Netze

a) Markiere in den Abbildungen, die Netze von Prismen sind, die Seitenflächen sowie die Grund- und die Deckfläche.
Lege zuvor Farben fest.
☐ Seitenflächen S   ☐ Grund- und Deckfläche G

b) Gib in der Zeichnung die Höhe der Prismen an.

Anwenden und Vernetzen

4 Quaderförmige Holzstücke sind das Ausgangsmaterial für neue Körper. Zeichne jeweils in das Schrägbild des Quaders die neuen Körper ein.

a) halb so großes, genauso hohes stehendes Prisma mit rechtwinkligem Dreieck als Grundfläche

z. B.

b) halb so großes, genauso hohes liegendes Prisma mit rechtwinkligem Dreieck als Grundfläche

z. B.

c) halb so großes, genauso hohes liegendes Prisma mit Trapez als Grundfläche

z. B.

5 Ergänze die Tabelle und skizziere jeweils ein Schrägbild des Körpers.

Körper	Anzahl der ...			Art der Begrenzungsflächen
	Ecken	Kanten	Flächen	
① Quader	8	12	6	sechs Rechtecke, von denen jeweils genau zwei zueinander kongruent sind
② dreiseitiges Prisma	6	9	5	zwei zueinander kongruente Dreiecke und drei zueinander kongruente Rechtecke
③ Würfel	8	12	6	sechs zueinander kongruente Vierecke

Oberfläche von Prismen

▶ Grundwissen

- Die Oberfläche eines Prismas besteht aus dem Mantel M, der Grund- und der Deckfläche G.
- Für den Flächeninhalt vom Mantel M gilt: $\quad M = S_1 + S_1 + \ldots + S_n = u \cdot h_k$
- Für den Oberflächeninhalt O gilt: $\quad O = 2G + M$

Beispiel:

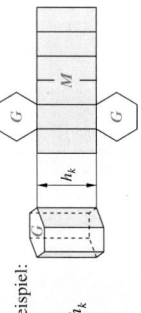

▶ Auftrag: Ergänze die Bezeichnungen M und G in der Abbildung.

Trainieren

1

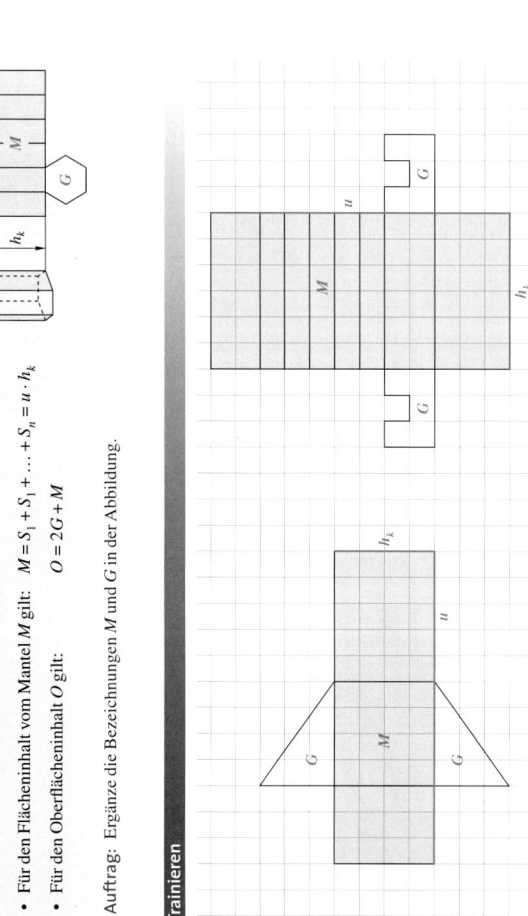

a) Markiere entsprechende Flächen und Strecken. Lege zuvor Farben fest.

☐ Mantel M   ☐ Grund- und Deckfläche G
☐ Körperhöhe h_k ☐ Umfang der Grundfläche u

b) Ermittle die Größen.

	h_k	u	M	G	O
dreiseitiges Prisma	2 cm	6 cm	12 cm²	1,5 cm²	15 cm²
achtseitiges Prisma	3 cm	6 cm	18 cm²	1,25 cm²	20,5 cm²

2 Gib die Oberflächeninhalte auf volle Quadratzentimeter gerundet an. Miss die benötigten Größen in den Körpernetzen.

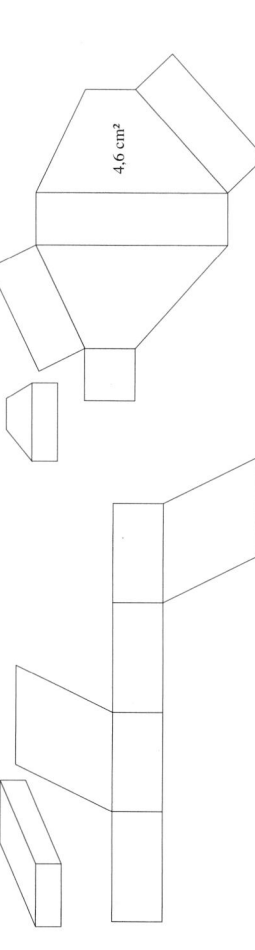

4,6 cm²

Prisma mit Parallelogramm als Grundfläche: $O \approx 2 \cdot 2{,}1\,cm^2 + 2 \cdot 1{,}9\,cm^2 + 2 \cdot 3{,}6\,cm^2 = 15{,}2\,cm^2 \approx 15\,cm^2$

Prisma mit Trapez als Grundfläche: $O \approx 2{,}7\,cm^2 + 3{,}8\,cm^2 + 1\,cm^2 + 2{,}2\,cm^2 + 2 \cdot 4{,}6\,cm^2 = 18{,}9\,cm^2 \approx 19\,cm^2$

3 Die Grundflächen von 2 cm hohen Prismen wurden im Maßstab 1:1 abgebildet. Ergänze die Tabelle.
Hinweis: Rechne auf einem zusätzlichen Blatt.

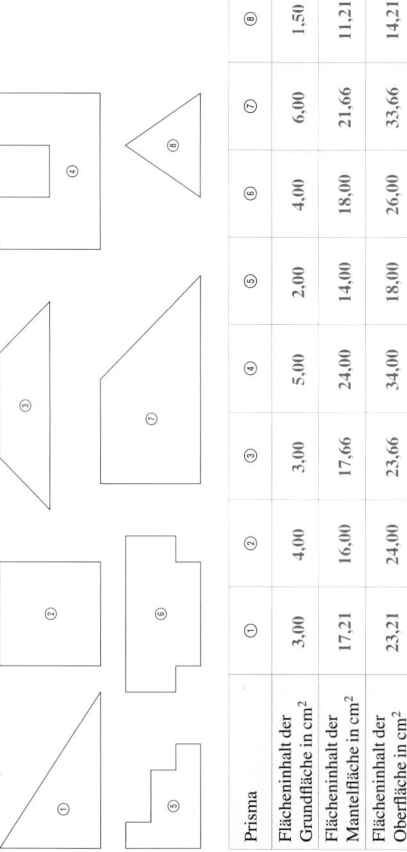

Prisma	①	②	③	④	⑤	⑥	⑦	⑧
Flächeninhalt der Grundfläche in cm²	3,00	4,00	3,00	5,00	2,00	4,00	6,00	1,50
Flächeninhalt der Mantelfläche in cm²	17,21	16,00	17,66	24,00	14,00	18,00	21,66	11,21
Flächeninhalt der Oberfläche in cm²	23,21	24,00	23,66	34,00	18,00	26,00	33,66	14,21

Anwenden und Vernetzen

4 Abgebildet sind zwei Grundflächen von 3 cm hohen Prismen.

a) Ergänze sie zu Schrägbildern.
Hinweis: Trage nach hinten verlaufende Kanten in einem Winkel von 45° und in halber Länge an.

b) Ermittle die Größe der Oberfläche. Runde auf Quadratzentimeter.

dreiseitiges Prisma: $\quad M \approx 25{,}61\,cm^2 \quad\quad G = 3{,}125\,cm^2$

$O = 2G + M \approx 31{,}86\,cm^2 \approx 32\,cm^2$

Die Größe der Oberfläche des dreiseitigen Prismas beträgt etwa 32 cm².

vierseitiges Prisma: $\quad M \approx 28{,}16\,cm^2 \quad\quad G = 5\,cm^2$

$O = 2G + M \approx 38{,}16\,cm^2 \approx 38\,cm^2$

Die Größe der Oberfläche des vierseitigen Prismas beträgt etwa 38 cm².

5 Zwei Eisenstützen für einen neuen Balkon sind 2,70 m lang. Sie haben die rechts abgebildete Grundfläche. Vor dem Einbau soll ihre Oberfläche mit Rostschutzmittel gestrichen werden. Die im Fachhandel angebotenen unterschiedlich großen Dosen reichen für 1,5 m² bzw. für 2 m².
Wie viele Dosen jeder Sorte sollten gekauft werden?

Flächeninhalte der Begrenzungsflächen:
2,5 dm² (oben bzw. unten); 54 dm²; 40,5 dm²; 27 dm²; 13,5 dm²; 27 dm²; 27 dm² (Seitenflächen im Uhrzeigersinn);
Summe: 194 dm² = 1,94 m²

Zwei Dosen, die für 2 m² reichen, sollten gekauft werden.

Volumen von Prismen

▶ Grundwissen

Das Volumen V eines Prismas ist das Produkt des Flächeninhalts der Grundfläche G und der Körperhöhe h_k.

$$V = G \cdot h_k$$

Beispiel:

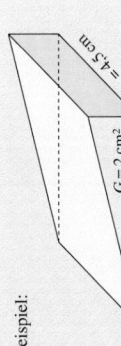

$$V = 2\ \text{cm}^2 \cdot 4,5\ \text{cm} = 9\ \text{cm}^3$$

$h_k = 4,5\ \text{cm}$ $G = 2\ \text{cm}^2$

▶ **Auftrag:** Berechne das Volumen des Prismas.

Trainieren

1 Abgebildet sind Grundflächen von 4 cm hohen Prismen.

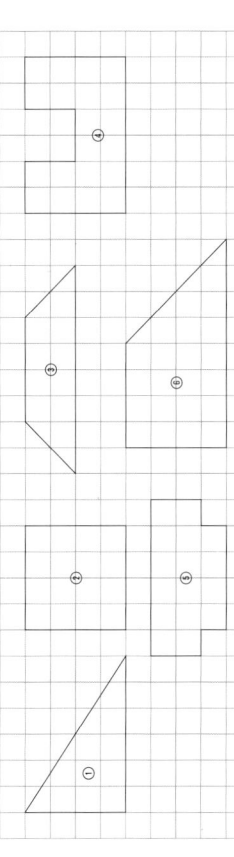

a) Ermittle die Flächeninhalte der Grundflächen mithilfe der Kästchen und berechne die Volumen.

Körper	①	②	③	④	⑤	⑥
Flächeninhalt der Grundfläche	3 cm²	4 cm²	3 cm²	5 cm²	4 cm²	6 cm²
Körperhöhe	4 cm	4 cm	4 cm	4 cm	4 cm	4 cm
Volumen	12 cm³	16 cm³	12 cm³	20 cm³	16 cm³	24 cm³

b) Ein Prisma soll jeweils die abgebildete Grundfläche und ein Volumen von 24 cm³ haben. Ergänze die Flächeninhalte der Grundflächen und ermittle die Körperhöhen.

Körper	①	②	③	④	⑤	⑥
Flächeninhalt der Grundfläche	3 cm²	4 cm²	3 cm²	5 cm²	4 cm²	6 cm²
Körperhöhe	8 cm	6 cm	8 cm	4,8 cm	6 cm	4 cm
Volumen	24 cm³	24 cm³	24 cm³	24 cm³	24 cm³	24 cm³

c) Ergänze jeweils die fehlende Größe des Prismas.

Flächeninhalt der Grundfläche	4 m²	4 mm²	1,2 dm²	15 cm²	0,4 dm²	1,3 m²
Körperhöhe	2,5 m	17 mm	8 dm	2,1 cm	0,8 dm	1,3 m
Volumen	10 m³	68 mm³	9,6 dm³	31,5 cm³	0,32 dm³	1,69 m³

2 Berechne den Flächeninhalt der Grundfläche G und das Volumen V.

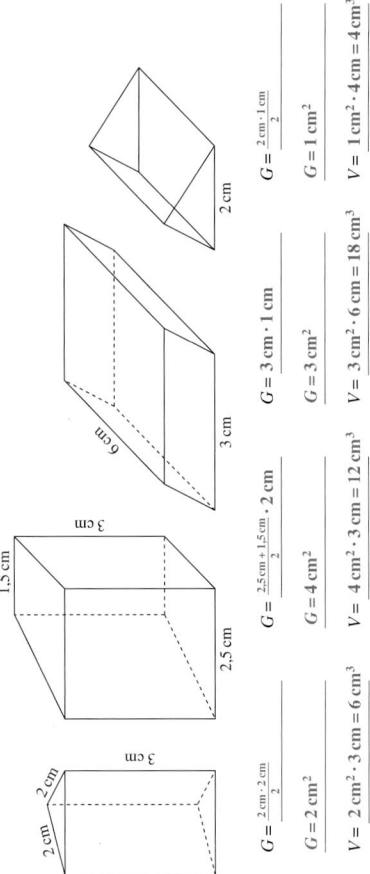

$$G = \frac{2\,\text{cm} \cdot 2\,\text{cm}}{2}$$
$$G = 2\ \text{cm}^2$$
$$V = 2\ \text{cm}^2 \cdot 3\ \text{cm} = 6\ \text{cm}^3$$

$$G = \frac{2,5\,\text{cm} + 1,5\,\text{cm}}{2} \cdot 2\ \text{cm}$$
$$G = 4\ \text{cm}^2$$
$$V = 4\ \text{cm}^2 \cdot 3\ \text{cm} = 12\ \text{cm}^3$$

$$G = 3\ \text{cm} \cdot 1\ \text{cm}$$
$$G = 3\ \text{cm}^2$$
$$V = 3\ \text{cm}^2 \cdot 6\ \text{cm} = 18\ \text{cm}^3$$

$$G = \frac{2\,\text{cm} \cdot 1\,\text{cm}}{2}$$
$$G = 1\ \text{cm}^2$$
$$V = 1\ \text{cm}^2 \cdot 4\ \text{cm} = 4\ \text{cm}^3$$

Anwenden und Vernetzen

3 Überschlage, wie viel Luft das abgebildete Zelt fasst. Kreuze an.

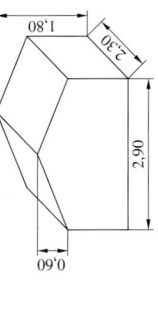

□ 0,4 m³   □ 0,8 m³   □ 4 m³   ☒ 10 m³

□ 15 m³   □ 400 dm³   □ 800 dm³   ☒ 10000 dm³

4 Aus einem quaderförmigen Styroporteil mit 1,5 cm, 4 cm und 6 cm langen Kanten wurden Teile ausgestanzt. Der fertige Körper ist im Bild dargestellt.

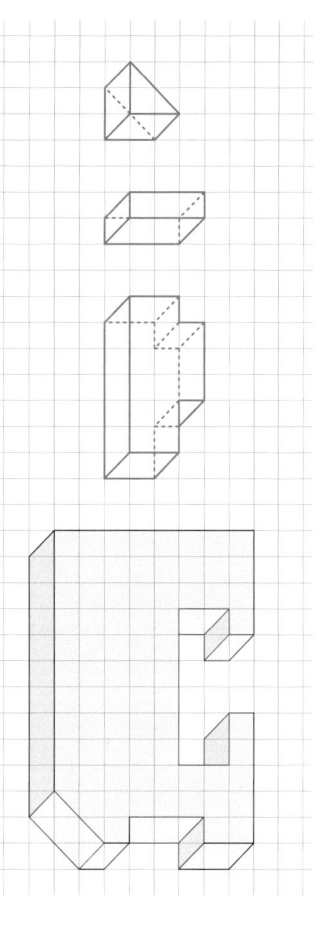

a) Zeichne jeweils ein Schrägbild von jedem der drei ausgestanzten Teile rechts neben den fertigen Körper.

b) Berechne die Volumen der drei ausgestanzten Teile und des fertigen Körpers.

dreiseitiges Prisma: $V = \dfrac{1\,\text{cm} \cdot 1\,\text{cm}}{2} \cdot 1,5\ \text{cm} = 0,75\ \text{cm}^3$

vierseitiges Prisma: $V = 0,5\ \text{cm} \cdot 1,5\ \text{cm} \cdot 1,5\ \text{cm} = 1,125\ \text{cm}^3$

achtseitiges Prisma: $V = (3\ \text{cm}^2 + 0,75\ \text{cm}^2) \cdot 1,5\ \text{cm} = 5,625\ \text{cm}^3$

fertiger Körper: $V = 4\ \text{cm} \cdot 6\ \text{cm} \cdot 1,5\ \text{cm} - 0,75\ \text{cm}^3 - 1,125\ \text{cm}^3 - 5,625\ \text{cm}^3 = 28,5\ \text{cm}^3$

Klammern auflösen und setzen

▶ Grundwissen

Verteilungsgesetz (Distributivgesetz): Man kann eine Zahl mit einer Summe multiplizieren, indem man diese Zahl mit jedem Summanden multipliziert und die Produkte addiert.
Dieses Gesetz kann auch in umgekehrter Richtung angewandt werden.

Verteilungsgesetz: $a \cdot (b + c) = a \cdot b + a \cdot c$ Umkehrung: $a \cdot b + a \cdot c = a \cdot (b + c)$

Beispiele:
$2 \cdot (10 + 7) = 2 \cdot 10 + 2 \cdot 7$

$-2 \cdot (b + c) = -2b - 2c$

$(b + c) \cdot 2x = 2bx + 2cx$

$2 \cdot 10 + 2 \cdot 7 = 2 \cdot (10 + 7)$

$-2b - 2c = -2 \cdot (b + c)$

$2bx + 2cx = 2x \cdot (b + c)$

▶ **Auftrag:** Vervollständige die Beispiele.

Trainieren

1 Setze „=" bzw. „≠" ein und unterstreiche gegebenenfalls im rechten Term den Fehler.

a) $2 \cdot (6 + 4) \;\boxed{=}\; 2 \cdot 6 + 2 \cdot 4 \;\boxed{4k + 6k}$ b) $k \cdot (6 + 4) \;\boxed{=}\; 4k + 6k$ c) $2k - 8sk \;\boxed{=}\; 2k(1 - 4s)$ d) $3x - 2sx \;\boxed{=}\; \frac{1}{2}x(6 - 4s)$

e) $2a + 5b \;\boxed{\ne}\; 2 \cdot (a - b)$ f) $-2k \cdot (3 + 4) \;\boxed{=}\; -6k + 8k$ g) $2sk - 4s \;\boxed{\ne}\; 2sk(1 - 4)$ h) $-\frac{1}{2}y(-6 - s) \;\boxed{=}\; 3y + \frac{1}{2}sy$

i) $2 + 6b \;\boxed{\ne}\; 2 \cdot (1 - 3b)$ j) $2k(1 + 2s) \cdot 2 \;\boxed{=}\; 4k + 8sk$ k) $6sk - 4ks \;\boxed{=}\; 2sk(3 - 1)$ l) $-\frac{1}{2}y + sy \;\boxed{=}\; y\left(s - \frac{1}{2}\right)$

2 Setze wie bei Teilaufgabe **a** in beiden Termen für jeweils jede Variable eine andere Zahl ein. Prüfe, ob die Ergebnisse gleich sind.

a) $a \cdot (2b - c) \;\boxed{=}\; 2ab - ac$ b) $3x \cdot (6y + 4z) \;\ne\; 12xy + 6xz$

z. B.

$1 \cdot (2 \cdot 2 - 5) = 2 \cdot 1 \cdot 2 - 1 \cdot 5$ $3 \cdot 1 \cdot (6 \cdot 2 + 4 \cdot 5) \ne 12 \cdot 1 \cdot 2 + 6 \cdot 1 \cdot 5$

$-1 = -1$ $96 \ne 54$

$-36 \ne 0$

c) $2ml - 8mn \;\ne\; 2m(2l - 4m)$ d) $0{,}3xy - 0{,}2x \;=\; \frac{1}{10}x(3y - 2)$

z. B.   z. B.

$2 \cdot 1 \cdot 2 - 8 \cdot 1 \cdot 5 \ne 2 \cdot 1 \cdot (2 \cdot 2 - 4 \cdot 1)$ $0{,}3 \cdot 1 \cdot 2 - 0{,}2 \cdot 1 = \frac{1}{10} \cdot 1 \cdot (3 \cdot 2 - 2)$

$0{,}4 = 0{,}4$

3 Löse die Klammern auf.

a) $5 \cdot (3x + 4) \;=\; 15x + 20$ b) $-20(4a + 4b - 3c) \;=\; -80a - 80b + 60c$

c) $\frac{1}{3} \cdot (9a - 3b + 300) \;=\; 3a - b + 100$ d) $(12z - 1) \cdot 5xy \;=\; 60xyz - 5xy$

e) $-0{,}5h \cdot (h - 2f + 4h^2) \;=\; -0{,}5h^2 + fh - 2h^3$ f) $-0{,}2st \cdot (8u - 7st) \;=\; -1{,}6stu + 1{,}4s^2t^2$

4 Ergänze den Faktor.

a) $72 - 45k = \boxed{9} \cdot (8 - 5k)$ b) $3y^2 + 3y = \boxed{3y} \cdot (y + 1)$

c) $-36v + 24v^2 = \boxed{-12v} \cdot (3 - 2v)$ d) $56a^2b + 112ab^2 = \boxed{56a^2} \cdot (b + 2a)$

e) $0{,}25p^2q^3 - 0{,}75p^3 = 0{,}25p^2 \cdot \boxed{(q^3 - 3p)}$ f) $2x^2yz - 8xy^2z + 6xyz^2 = \boxed{2xyz} \cdot (x - 4y + 3z)$

---

5 Finde Terme, die durch Ausmultiplizieren bzw. Ausklammern ineinander überführt werden können. Markiere sie mit der gleichen Farbe.
Hinweis: Du benötigst drei Farben.

$3x^2 + 12xy - 36xyz$ **A**	$3(x^2 - 4xy + 12xyz)$ **B**
$3x(x + 4y - 12yz)$ **A**	$xy(3x + 12 - 36z)$ **C**
$3(x^2 + 4xy - 12xyz)$ **A**	$x(3x + 12y - 36yz)$ **A**
$3x^2 - 12xy + 36yz$ **B**	$(3x^2y + 12xy - 36xyz)$ **C**
$(0{,}25x + y - 3yz) \cdot 12x$ **A**	$(-3x^2 - 12xy + 36xyz) \cdot (-1)$ **A**

6 Klammere einen möglichst großen gemeinsamen Faktor aus.

a) $22x - 22y + 22z = \underline{22(x - y + z)}$ b) $22ax - 22ay + 22az = \underline{22a(x - y + z)}$

c) $22x - 33y + 44z = \underline{11(2x - 3y + 4z)}$ d) $12bx - 18by + 30bz = \underline{6b(2x - 3y + 5z)}$

e) $32rst - 48stw + 8st = \underline{8st(4r - 6w + 1)}$ f) $-48ab - 12ca - 36az = \underline{-12a(4b + c + 3z)}$

g) $-y^3 - y = \underline{-y(y^2 + 1)}$ h) $-1{,}2u^2 - 1{,}8u^4 + 7{,}2au^2 = \underline{-0{,}6u^2(2 + 3u^2 - 12a)}$

Anwenden und Vernetzen

7 Kreuze jeweils alle zur Berechnung des Oberflächeninhalts vom Körper geeigneten Terme an.

a) Würfelnetz

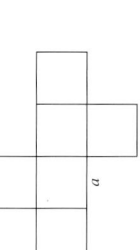

b) Quadernetz

$\boxed{\times}$ $6a^2$

$\boxed{\times}$ $4a^2 + 2a^2$

$\boxed{\times}$ $3(a^2 + a^2)$

$\square$ $6 + (a \cdot a)$

$\boxed{\times}$ $a \cdot (a + a + a + a + a + a)$

$\square$ $6 - (a \cdot a)$

$\square$ $6(a^2 + a^2 + a^2 + a^2 + a^2 + a^2)$

$\square$ $2(a^2 + b^2 + c^2)$

$\boxed{\times}$ $(a + b + a + b) \cdot c + 2ab$

$\boxed{\times}$ $(2a + 2b) \cdot c + 2ab$

$\boxed{\times}$ $2a \cdot b + 2b \cdot c + 2a \cdot c$

$\square$ $(a \cdot b + b \cdot c + a \cdot c) \cdot 2$

$\square$ $a \cdot b + b \cdot c + a \cdot c + a \cdot b + a \cdot b$

$\boxed{\times}$ $a \cdot b + b \cdot c + a \cdot c + a \cdot b + c \cdot a \cdot c$

8 Schreibe zuerst zwei Terme zur Berechnung des Volumens des Körpers auf. Berechne danach das Volumen für $a = 2\,\text{cm}$ mit deinen beiden Termen.

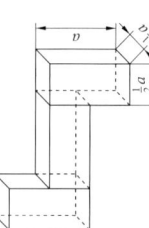

z. B.

Term A: $3 \cdot \left(\frac{1}{2}a \cdot \frac{1}{2}a \cdot a\right)$ $3 \cdot \left(\frac{1}{2} \cdot 2\,\text{cm} \cdot \frac{1}{2} \cdot 2\,\text{cm} \cdot 2\,\text{cm}\right) = 6\,\text{cm}^3$

Term B: $\frac{3}{4}a^3$ $\frac{3}{4} \cdot (2\,\text{cm})^3 = 6\,\text{cm}^3$

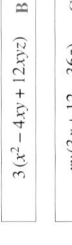

Summen multiplizieren

▲ Grundwissen

Beim Multiplizieren zweier Summen wird jeder Summand der ersten Summe mit jedem Summanden der zweiten Summe multipliziert.

Beispiel: $(a+b) \cdot (c+d) = a \cdot c + a \cdot d + b \cdot c + b \cdot d$

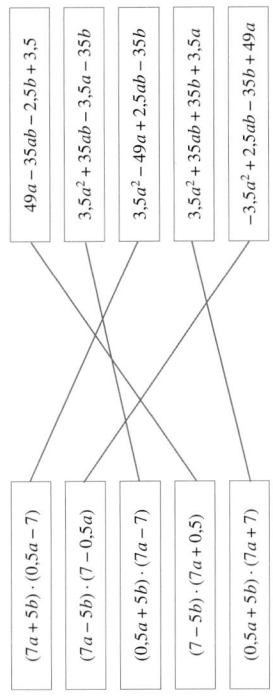

	a	b
c	$a \cdot c$	$b \cdot c$
d	$a \cdot d$	$b \cdot d$

▲ **Auftrag:** Schreibe die Produkte in die entsprechenden Rechtecke.

Trainieren

1 Gib jeweils zur Berechnung des Flächeninhalts einen Term mit Klammern und einen Term ohne Klammern an.
Hinweis: Schreibe die Produkte in die entsprechenden Rechtecke.

a)

	6	$4y$
x	$6x$	$4xy$
3	18	$12y$

$(6+4y) \cdot (x+3) = 6x + 18 + 4xy + 12y$

b)

	b	2
3	$3b$	6
$\frac{1}{2}a$	$\frac{1}{2}ab$	a

$(b+2) \cdot (3 + \frac{1}{2}a) = 3b + \frac{1}{2}ab + 6 + a$

c)

	$3t$	7
$3s$	$9st$	$21s$
2	$6t$	14

$(3t+7) \cdot (3s+2) = 9st + 6t + 21s + 14$

d)

	5	$4p$
2	10	$8p$
$\frac{1}{2}o$	$2,5o$	$2op$

$(5+4p) \cdot (2 + \frac{1}{2}o) = 10 + 2,5o + 8p + 2op$

2 Multipliziere.

a) $(1+h) \cdot (5+e) =$ $5 + e + 5h + eh$

b) $(a+h) \cdot (5+a) =$ $5a + a^2 + 5h + ah$

c) $(2+b) \cdot (5-g) =$ $10 - 2g + 5b - bg$

d) $(-h-7) \cdot (4+f) =$ $-4h - hf - 28 - 7f$

e) $(9-z) \cdot (3-2y) =$ $27 - 18y - 3z + 2yz$

f) $(-1-2h) \cdot (-5h-e) =$ $5h + e + 10h^2 + 2eh$

g) $(3d+7s) \cdot (8-6s) =$ $24d - 18ds + 56s - 42s^2$

h) $(-5k-4l) \cdot (-5o-3n) =$ $25ko + 15kn + 20lo + 12ln$

3 Setze „+" und „–" so ein, dass wahre Aussagen entstehen.

a) $(10-1) \cdot (6+2m) = 60 \boxed{+} 20m \boxed{-} 6l \boxed{-} 2lm$

b) $(-5s+3) \cdot (4+5t) = -20s \boxed{-} 25st \boxed{+} 12 \boxed{+} 15t$

c) $(6 \boxed{-} h) \cdot (11-2g) = 66 \boxed{-} 12g - 11h \boxed{+} 2gh$

d) $(-2h \boxed{-} 8) \cdot (9 \boxed{+} 5f) = -18h - 10hf - 72 \boxed{-} 40f$

e) $(2 \boxed{+} a) \cdot (3 \boxed{-} b) = 6 - 2b \boxed{+} 3a - ab$

f) $(a \boxed{+} 4) \cdot (5 \boxed{-} c) = 5a - ac \boxed{+} 20 - 4c$

Rechenzeichen zum Abstreichen:		
+	+	+
+	+	+
+	+	+
–	–	–
–	–	–
–	–	

---

4 Welche Terme wurden vermutlich miteinander multipliziert?

a) $(\boxed{a} + \boxed{b}) \cdot (\boxed{7} + \boxed{c}) = 7a + ac + 7b + bc$

b) $(\boxed{12} + \boxed{a}) \cdot (\boxed{3} + \boxed{b}) = 36 + 12b + 3a + ab$

c) $(\boxed{2} + \boxed{b}) \cdot (\boxed{5} - \boxed{c}) = 10 - 2c + 5b - bc$

d) $(\boxed{8a} - \boxed{7}) \cdot (\boxed{4} + \boxed{b}) = 32a + 8ab - 28 - 7b$

e) $(\boxed{9a} - \boxed{b}) \cdot (\boxed{b} - \boxed{2a}) = 9ab - 18a^2 - b^2 + 2ab$

f) $(\boxed{-a} - \boxed{2b}) \cdot (\boxed{-9c} - \boxed{e}) = 9ac + ae + 18bc + 2be$

g) $(\boxed{9a} + \boxed{4b}) \cdot (\boxed{4} - \boxed{6b}) = 36a - 54ab + 16b - 24b^2$

h) $(\boxed{-15a} - \boxed{4c}) \cdot (\boxed{-2b} - \boxed{2a}) = 30ab + 30a^2 + 8bc + 8ac$

Terme zum Abstreichen:		
2	3	4
4	5	7
7	12	
a	a	$-a$
b	b	b
b	b	b
c	c	e
$2a$	$2a$	$8a$
$9a$	$9a$	$-15a$
$2b$	$-2b$	$4b$
$6b$	$4c$	$-9c$

5 Verbinde zueinander passende Terme mit Linien.

| $(7a+5b) \cdot (0,5a-7)$ |
| $(7a-5b) \cdot (7-0,5a)$ |
| $(0,5a+5b) \cdot (7a-7)$ |
| $(7-5b) \cdot (7a+0,5)$ |
| $(0,5a+5b) \cdot (7a+7)$ |

| $49a - 35ab - 2,5b + 3,5$ |
| $3,5a^2 + 35ab - 3,5a - 35b$ |
| $3,5a^2 - 49a + 2,5ab - 35b$ |
| $3,5a^2 + 35ab + 35b + 3,5a$ |
| $-3,5a^2 + 2,5ab - 35b - 35b + 49a$ |

Anwenden und Vernetzen

6 Bewerte zuerst die Vorschläge zur Berechnung des Flächeninhaltes des Bildes.
Erkläre danach, wie man auf die richtig aufgestellten Terme kommen kann.
Zusatzaufgabe: Ermittle weitere passende Terme.

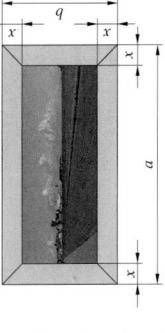

Saskia: $(a-2x) \cdot (b-2x)$ **richtig aufgestellter Term**

Larissa: $ab - ((a-x) \cdot (b-x))$ **falsch aufgestellter Term**

Clemens: $ab - (2xb + 2x \cdot (a-2x))$ **richtig aufgestellter Term**

Tom: $(a+x) \cdot (b-x)$ **falsch aufgestellter Term**

z. B.

Saskia hat sich überlegt, dass der sichtbare Teil $(a-2x)$ lang und $(b-2x)$ breit ist und somit der Flächeninhalt

mit dem Term $(a-2x) \cdot (b-2x)$ berechnet werden kann.

Clemens hat sich überlegt, dass der Flächeninhalt des Bildes mit Rahmen ab ist. Um auf den kleineren Flächen-

inhalt der sichtbaren Fläche zu kommen, ist der Flächeninhalt des Rahmens $2xb + 2x \cdot (a-2x)$ breit ist und somit der Flächeninhalt

$(a-2x) \cdot (b-2x) = ab - (2hx + 2x \cdot (a-2x))$

Binomische Formeln

▶ Grundwissen

Die drei binomischen Formeln sind Sonderfälle der Multiplikation von Summen.

1. binomische Formel
$(a+b)^2 = a^2 + 2ab + b^2$

2. binomische Formel
$(a-b)^2 = a^2 - 2ab + b^2$

3. binomische Formel
$(a+b)\cdot(a-b) = a^2 - b^2$

Beispiele:

$(7+c)^2 = \underline{49 + 14c + c^2}$ $(7-e)^2 = \underline{49 - 14e + e^2}$

$(z+10)^2 = z^2 + 20z + 100$ $(7+g)\cdot(7-g) = \underline{49 - g^2}$

$(2d \underline{\quad} +1)^2 = 4d^2 + 4d + 1$ $(3f \underline{\quad} -2)^2 = 9f^2 - 12f + 4$ $(3h + 9 \underline{\quad})\cdot(3h-9) = 9h^2 - 81$

▶ **Auftrag:** Vervollständige die Beispiele.

Trainieren

1 Ergänze mithilfe der 1. binomischen Formel.

a) $(3+h)\cdot(3+h) = \underline{9 + 6h + h^2}$

b) $(5x+y)\cdot(5x+y)\underline{\quad} = 25x^2 + 10xy + \underline{y^2}$

c) $(z+10)^2 = z^2 + 20z + 100$

d) $(9s + \underline{2t}\ )^2 = 81s^2 + 36st \underline{\quad} + 4t^2$

2 Ergänze mithilfe der 2. binomischen Formel.

a) $(6-c)\cdot(6-c) = 36 - 12c + c^2$

b) $(2x-4y)\cdot(2x-4y)\underline{\quad} = 4x^2 - 16xy + \underline{16y^2}$

c) $(5a-3b)^2 = \underline{25a^2 - 30ab + 9b^2}$

d) $(7y - \underline{2z}\ )^2 = 49y^2 - 28yz \underline{\quad} + 4z^2$

3 Ergänze mithilfe der 3. binomischen Formel.

a) $(7a-b)\cdot(7a+b) = \underline{49a^2 - b^2}$

b) $(3c+10d)\cdot(\ \underline{3c-10d}\ ) = 9c^2 - 100d^2$

c) $(0,5o-8p)\cdot(0,5o+8p)\underline{\quad} = 0,25o^2 - 64p^2$

d) $(0,2s - \underline{11t}\ )\cdot(0,2s + 11t \underline{\quad}) = 0,04\ s^2 - 121t^2$

4 Forme mithilfe der binomischen Formeln die Produkte um.

a) $(3+t)^2 = \underline{9 + 6t + t^2}$

b) $(7-a)\cdot(7+a) = \underline{49 - a^2}$

c) $(k-6)^2 = \underline{k^2 - 12k + 36}$

d) $(5s-2)^2 = \underline{25s^2 - 20s + 4}$

e) $(4a+2b)^2 = \underline{16a^2 + 16ab + 4b^2}$

f) $(-5+e)\cdot(-5-e) = \underline{25 - e^2}$

g) $(3u-4v)\cdot(3u-4v) = \underline{9u^2 - 24uv + 16v^2}$

h) $(7+9x)\cdot(7+9x) = \underline{49 + 126x + 81x^2}$

5 Ergänze so, dass die Aussagen wahr sind.

a) $x^2 - 6x + 9 = (x - \boxed{3}\ )^2$

b) $(4 - \boxed{x})\cdot(4 + \boxed{x}) = 16 - x^2$

c) $36s^2 + 120s + 100 = (6s + \boxed{10}\ )^2$

d) $16a^2 + \boxed{32ab} + 16b^2 = (4a + 4b)^2$

e) $25v^2 - 10vw + w^2 = (5v - \boxed{w}\ )^2$

f) $25 + 4x^2 - \boxed{20x} = (5 - 2x)^2$

g) $81r^2 - 36s^2 = (\ \boxed{9r} + 6s)\cdot(\ \boxed{9r} - 6s)$

h) $49x^2 + \boxed{70}\ xy + 25y^2 = (7x + 5y)^2$

i) $(\ \boxed{ab} + cb)^2 = a^2b^2 + 2ab^2c + c^2b^2$

j) $\tfrac{1}{2}x - \tfrac{1}{4} = \tfrac{1}{4}x^2 - \tfrac{1}{4}xz + \boxed{\tfrac{1}{16}z^2}$

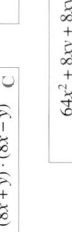

---

6 Markiere gleichwertige Terme mit der gleichen Farbe.
Hinweis: Du benötigst vier Farben.

$(8x+y)^2$ **A** $(y-8x)^2$ **B** $(-8x+y)^2$ **B** $(-y+8x)\cdot(y+8x)$ **C**

$(y-8x)\cdot(y+8x)$ **D** $(8x+y)\cdot(8x-y)$ **C** $-64x^2 + y^2$ **D**

$-64x^2 - 8xy + 8yx + y^2$ **D** $64x^2 + 8xy + 8xy + y^2$ **A**

$64x^2 - y^2$ **C** $64x^2 + 16xy + y^2$ **A** $64x^2 - 16xy + y^2$ **B**

Sprechblase: $63 \cdot 57 = 3591$

7 Berechne mithilfe der binomischen Formeln.

a) $97 \cdot 103 = (100-3)\cdot(100+3) = \underline{100^2 - 3^2 = 10000 - 9 = 9991}$

b) $85 \cdot 75 = \underline{(80+5)\cdot(80-5) = 80^2 - 5^2 = 6400 - 25 = 6375}$

c) $69^2 = (70-1)^2 = \underline{70^2 - 2\cdot70\cdot1 + 1^2 = 4900 - 140 + 1 = 4761}$

d) $111^2 = \underline{(100+11)^2 = 100^2 + 2\cdot100\cdot11 + 11^2 = 10000 + 2200 + 121 = 12321}$

e) $107 \cdot 93 = \underline{(100+7)\cdot(100-7) = 10000 - 49 = 9951}$

f) $398^2 = \underline{(400-2)\cdot(400-2) = 160000 - 1600 + 4 = 158404}$

Anwenden und Vernetzen

8 Gegeben ist ein Quadrat mit der Seitenlänge c.
Durch Verlängern von c um 2 cm entsteht ein neues Quadrat.
Gib eine Formel zur Berechnung des Flächeninhalts des neuen Quadrates an.

$A = (c + 2)^2 = \underline{c^2 + 4c + 4}$

9 Multipliziere und vereinfache so weit wie möglich.

$(a+b)^3 = (a+b)\cdot(a+b)^2 = \underline{(a+b)\cdot(a^2 + 2ab + b^2) = a\cdot a^2 + a\cdot 2ab + a\cdot b^2 + b\cdot a^2 + b\cdot 2ab + b\cdot b^2}$

$= a^3 + 3a^2b + 3ab^2 + b^3$

10 Frau Schmidt hat die Wahl zwischen einem quadratischen Grundstück und einem rechteckigen Grundstück. Das quadratische Grundstück hat eine Seitenlänge von 20 m. Die eine Seite des rechteckigen Grundstücks ist 7 m länger und die andere Seite 7 m kürzer als die des quadratischen Grundstücks. Vergleiche die Fläche der beiden Grundstücke.

$A_{qu} = 20\,\text{m} \cdot 20\,\text{m} = 400\,\text{m}^2$

$A_{re} = (20\,\text{m} + 7\,\text{m})\cdot(20\,\text{m} - 7\,\text{m}) = (20\,\text{m})^2 - (7\,\text{m})^2 = 400\,\text{m}^2 - 49\,\text{m}^2 = 351\,\text{m}^2$

Das quadratische Grundstück ist größer.

Funktionen

▶ Grundwissen

- Eine Zuordnung, bei der zu jedem Wert aus dem ersten Bereich genau ein Wert aus dem zweiten Bereich zugeordnet wird, ist eine eindeutige Zuordnung.
- Eine eindeutige Zuordnung heißt Funktion.
- Jedem Wert aus dem Definitionsbereich (x) wird genau ein Wert aus dem Wertebereich (y) zugeordnet.

Beispiel für _____ eine _____ Funktion:

Definitionsbereich	→	Wertebereich
0	→	0
1	→	1
2	→	4
3	→	9
4	→	16

Beispiel für _____ keine _____ Funktion:

Definitionsbereich	→	Wertebereich
0	→	0, −1
1	→	1, −2
4	→	2, −3
9	→	3, −4
16	→	

▶ **Auftrag:** Welches Beispiel zeigt eine bzw. keine Funktion?

Trainieren

1 Kreuze die Funktionen an.
Hinweis: Erkläre einer Mitschülerin oder einem Mitschüler, was anders sein müsste, damit es eine Funktion ist.

a) Graphen zu Zuordnungen — Zum Wertebereich gehören jeweils alle y-Werte.

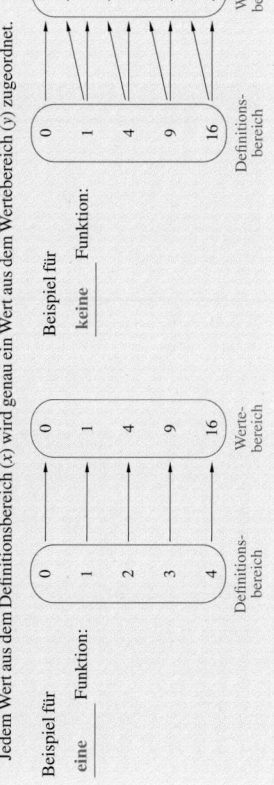

☒ Funktion ☐ Funktion ☒ Funktion ☒ Funktion ☐ Funktion

b) Wortvorschriften zu Zuordnungen — Die Wertebereiche stehen hinter dem Pfeil.

Mitschüler → letzte Sportnote ☒ Funktion
Tür → Schlüssel ☐ Funktion
Sternzeichen → Geburtsmonat ☐ Funktion
Ort → Telefonvorwahl ☒ Funktion
Schüler → Klassenlehrer ☒ Funktion
Tageszeit → Ortstemperatur ☒ Funktion

c) Tabellen zu Zuordnungen — Zum Wertebereich gehören jeweils alle Werte in der zweiten Zeile.

Tageszeit	6:00	8:00	9:00	9:30
Temperatur in °C	7	8	9	9

☒ Funktion

Wochentag	Mo.	Di.	Mi.	Do.
Unterrichtsstunden	7	6	7	7

☒ Funktion

Reisedauer	4 d	5 d	6 d	7 d
Reisepreis in €	200	250	250	280

☒ Funktion

Gäste	1	2	3	2
bestellte Getränke	1	3	3	2

☐ Funktion

2 Gib zwei Funktionen zu Dreiecken an.

Dreieck → _____ Umfang des Dreiecks _____

Dreieck → _____ Flächeninhalt des Dreiecks _____

---

3 Stelle die Zuordnungen, die keine Funktionen sind, im Koordinatensystem dar. Markiere im Koordinatensystem die Stellen, an denen du erkennst, dass es sich nicht um Funktionen handelt.

① 1→3, 5→7, 6→5, 4→1
② 1→1, 2→7, 3→3, 5→6, 6→5
③ 6→2, 5→4, 4→4, 3→5, 2→6
④ 7→1, 0→2, 4→3, 6→5, 5→0

③ und ④ sind keine Funktionen.

Anwenden und Vernetzen

4 Leonie ist die Leichteste und Maja ist kleiner als Leonie, aber sie ist nicht viel schwerer.
Julia ist kleiner als Amelie, aber schwerer.
Doreen ist 4 cm größer als Julia, und Ulrike ist nur 1 cm kleiner als Julia.
Eine der beiden gleich großen Mädchen muss Kerstin sein.
Die schwerste ist Doreen, und Amelie sowie Julia unterscheiden sich um 1 kg.
Kerstin ist schlanker als Ulrike, also bestimmt leichter als sie.

a) Trage jeden Namen an der richtigen Stelle ein.
Hinweis: Trage zunächst mit Bleistift die Anfangsbuchstaben der Namen an passenden Stellen ein.

Masse \ Größe	161 cm	166 cm	167 cm	168 cm	172 cm	174 cm
55 kg		Leonie				
59 kg	Maja					
64 kg				Kerstin		
67 kg					Amelie	
68 kg				Julia		
70 kg			Ulrike			
71 kg						Doreen

b) Kreuze die Funktion an.

☐ Größe → Masse ☒ Masse → Größe

Vervollständige die Pfeildiagramme und begründe deine Entscheidung grafisch.

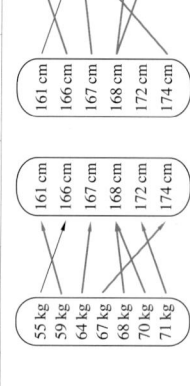

55 kg, 59 kg, 64 kg, 67 kg, 68 kg, 70 kg, 71 kg → 161 cm, 166 cm, 167 cm, 168 cm, 172 cm, 174 cm

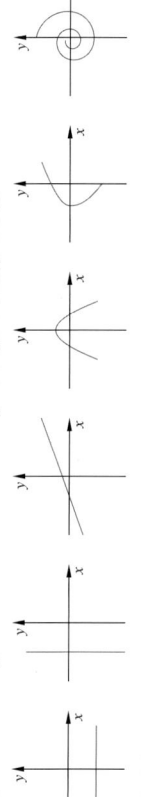

Proportionale Zuordnungen

▶ Grundwissen

Eine Funktion der Form $y = mx$ heißt proportionale Zuordnung. Ihr Graph ist eine Gerade, die durch den Punkt $P(0|0)$ verläuft.

Beispiel:

Anzahl der Brötchen	0	1	4	12
Preis in Euro	0	0,30	1,20	3,60

Funktionsgleichung: $y = 0{,}3x = \frac{3}{10}x$

▶ Auftrag: Ergänze die Preise und die Funktionsgleichung.

▶ Trainieren

1 Ergänze jeweils zu einer proportionalen Zuordnung. Gib die Funktionsgleichung an.

a)

Anzahl der Karten	1	2	3	5	10
Preis in €	9	18	27	45	90

Funktionsgleichung: $y = 9x$

b)

Anzahl der Eiskugeln	2	3	6	9	10
Preis in €	1,60	2,40	4,80	7,20	8,00

Funktionsgleichung: $y = 0{,}8x$

c)

Länge in kg	5	10	15	30	45
Masse in kg	3,5	7	10,5	21,0	31,5

Funktionsgleichung: $y = 0{,}7x$

d)

Fahrstrecke in km	4	20	40	60	80
Fahrzeit in Stunden	0,05	0,25	0,5	0,75	1

Funktionsgleichung: $y = 0{,}0125x$

2 Graphen zu proportionalen Zuordnungen

a) Ordne Graphen zu proportionalen Zuordnungen eine Funktionsgleichung zu.
Hinweis: Ermittle $P(0|0)$ und $Q(1|...)$ oder $R(5|...)$.

③ $y = x$ ① $y = 4x$ ⑤ $y = 0{,}5x$
② $y = 1{,}5x$

b) Ergänze jeweils die Wertetabellen und zeichne den Graphen ins Koordinatensystem ein.

⑦ $y = 1{,}5x$

x	1	2	3	4	5
y	1,5	3	4,5	6	7,5

⑧ $y = \frac{2}{3}x$

x	0	1	1,5	3	4,5
y	0	0,67	1	2	3

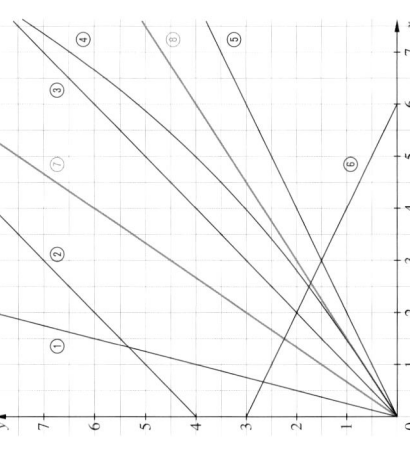

3 Eine Wohnungsbaugesellschaft hat drei Kategorien von Kaltmieten bei Neuvermietungen.
In jeder Kategorie ist der Quadratmeterpreis konstant.

a) Berechne die Mietpreise.

Wohnfläche Preis pro m²	40 m²	70 m²	80 m²	110 m²
Kategorie A: 5,20 €	208,00	364,00	416,00	572,00
Kategorie B: 6,10 €	244,00	427,00	488,00	671,00
Kategorie C: 7,15 €	286,00	500,50	572,00	786,50

b) Stelle für jede Kategorie die Zuordnung Wohnfläche in m² → Mietpreis in € im Koordinatensystem dar.

c) Gib für jede Kategorie eine Funktionsgleichung an.
Kategorie A: $y = 5{,}20x$
Kategorie B: $y = 6{,}10x$
Kategorie C: $y = 7{,}15x$

d) Ermittle die Preise für 50 m² große Wohnungen der Gesellschaft bei Neuvermietungen. Markiere die entsprechenden Punkte.
Kategorie A: 260,00 €
Kategorie B: 305,00 €
Kategorie C: 357,50 €

e) Ergänze folgenden Satz.
Je höher der Quadratmeterpreis ist, umso _schneller steigt von links nach rechts_ der dazugehörige Graph.

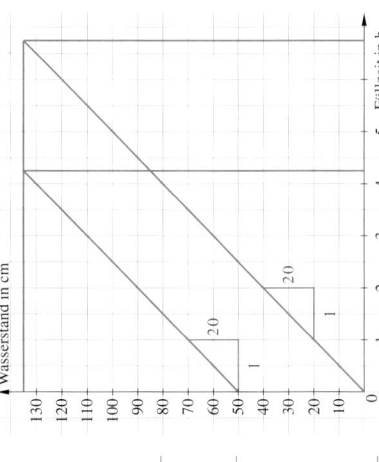

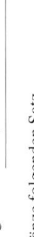

Anwenden und Vernetzen

4 In ein leeres quaderförmiges Schwimmbecken wird Wasser eingelassen. Das Wasser steigt pro Viertelstunde um 5 cm. Das Becken hat eine Tiefe von 1,35 m.

a) Veranschauliche die Zuordnung und schreibe die zugehörige Funktionsgleichung auf.
$y = 20 \cdot x$ (x steht für die Füllzeit in h.)

b) Nach wie vielen Stunden ist das Becken voll?
Das Becken ist nach $6\frac{3}{4}$ h voll.

c) Ein gleichartiges Schwimmbecken ist bereits bis zu einer Höhe von 5 dm gefüllt.
Ermittle mithilfe einer Zeichnung, wie lange es dauert, bis es voll ist.
Das Becken ist nach $4\frac{1}{4}$ h voll.

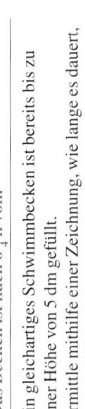

Lineare Funktionen

▶ Grundwissen

Eine Funktion der Form $y = mx + n$ heißt lineare Funktion.
Ihr Graph ist eine Gerade mit der Steigung m und dem Achsenabschnitt n auf der y-Achse.

Beispiele:

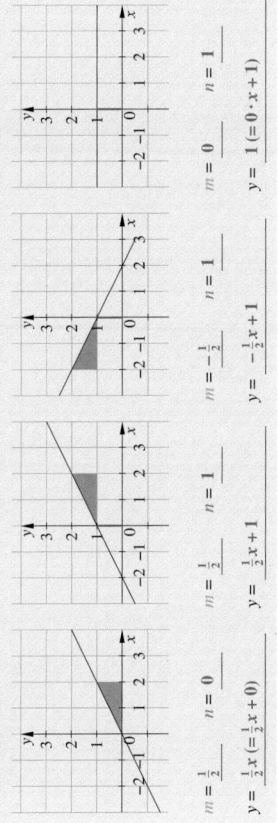

$m = \frac{1}{2}$ $n = 0$	$m = \frac{1}{2}$ $n = 1$	$m = \frac{1}{2}$ $n = 1$
$y = \frac{1}{2}x \left(= \frac{1}{2}x + 0\right)$	$y = \frac{1}{2}x + 1$	$y = \frac{1}{2}x + 1$

$m = -\frac{1}{2}$ $n = 1$	$m = 0$ $n = 1$
$y = -\frac{1}{2}x + 1$	$y = 1 \; (= 0 \cdot x + 1)$

▶ **Auftrag:** Gib jeweils m, n und die Funktionsgleichung an.

Trainieren

1 Ergänze zuerst den Schnittpunkt mit der y-Achse.
Entscheide danach, ob die Gerade von links nach rechts fällt oder steigt.

a) $y = x + 6$ $P(0\,|\,6\,)$ ist der Schnittpunkt mit der y-Achse.   Die Gerade … ☐ fällt ☒ steigt

b) $y = 2x - 7$ $P(0\,|\,-7\,)$ ist der Schnittpunkt mit der y-Achse.   Die Gerade … ☐ fällt ☒ steigt

c) $y = -3x + 8$ $P(0\,|\,8\,)$ ist der Schnittpunkt mit der y-Achse.   Die Gerade … ☒ fällt ☐ steigt

d) $y = -4x - 9$ $P(0\,|\,-9\,)$ ist der Schnittpunkt mit der y-Achse.   Die Gerade … ☒ fällt ☐ steigt

2 Funktionsgleichungen und Graphen

a) Gib jeweils zuerst m und n an und beschrifte danach die Graphen.

$y_1 = 3x + 6$ $m = 3$ $n = 6$

$y_2 = 3x + 3$ $m = 3$ $n = 3$

$y_3 = 3x - 2$ $m = 3$ $n = -2$

$y_4 = \frac{2}{3}x - 2$ $m = \frac{2}{3}$ $n = -2$

b) Gib jeweils zuerst m und n an und zeichne danach die Graphen.

$y_5 = -2$ $m = 0$ $n = -2$

$y_6 = -2x + 3$ $m = -2$ $n = 3$

$y_7 = -x - 2$ $m = -1$ $n = -2$

$y_8 = -x$ $m = -1$ $n = 0$

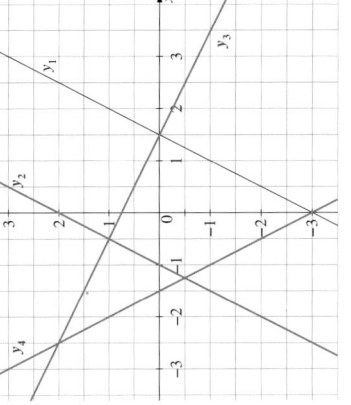

3 Im Koordinatensystem ist der Graph einer linearen Funktion y_1 eingezeichnet.

a) Gib die Funktionsgleichung dieser linearen Funktion y_1 an.
$$y_1 = 2x - 3$$

b) Verschiebe die Gerade y_1 fünf Einheiten nach oben. Gib die Gleichung zu dieser Geraden y_2 an.
$$y_2 = 2x + 2$$

c) Zeichne eine Gerade y_3, die senkrecht zu y_1 verläuft und durch den Punkt $P(1,5\,|\,0)$ geht. Gib ihre Gleichung an.
$$y_3 = -0{,}5x + 0{,}75$$

d) Spiegele die Gerade y_1 an der y-Achse und ermittle die zugehörige Gleichung.
$$y_4 = -2x - 3$$

4 Graphen mit Gemeinsamkeiten zu $y = 4{,}6x - 12{,}8$.

a) Gib die Funktionsgleichung des Graphen an, der durch $P(0\,|\,0)$ und parallel zu dem von $y = 4{,}6x - 12{,}8$ verläuft.
$$y = 4{,}6x$$

b) Gib die Funktionsgleichung des Graphen an, der durch $P(0\,|\,12{,}8)$ verläuft und halb so stark steigt.
$$y = 2{,}3x + 12{,}8$$

Anwenden und Vernetzen

5 Leni verreiste mit ihren Eltern.

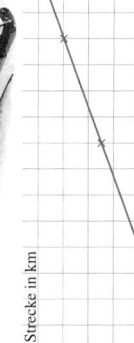

Sie fuhren zuerst 62 km auf Landstraßen mit sehr unterschiedlichen Geschwindigkeiten und danach durchschnittlich 112,5 Kilometer pro Stunde auf der Autobahn.

a) Vervollständige die Tabelle zur Fahrt auf der Autobahn und trage die Wertepaare in das Koordinatensystem ein.

Zeit in min	Strecke in km
0	62,0
8	77,0
16	92,0
20	99,5
40	137,0
60	174,5

b) Warum ist es angebracht, die Punkte miteinander zu verbinden?
Weil man die **Zeit** und die zugehörige **Strecke** mit Dezimalzahlen beliebig genau angeben kann.

c) Schreibe eine Funktionsgleichung zum Graphen bei Teilaufgabe **a** auf. Gib die praktische Bedeutung beider Variablen an.

Funktionsgleichung: $y = 112{,}5 \cdot x + 62$

y steht für   die auf der Autobahn zurückgelegte Strecke in Kilometern (km).

x steht für   die Zeit auf der Autobahn in Minuten (min).

Steigungen

▶ Grundwissen

Für die Steigung m einer Geraden, die durch die Punkte
$A(x_1|y_1)$ und $B(x_2|y_2)$ geht, gilt: $m = \dfrac{y_2 - y_1}{x_2 - x_1}$.

Funktionsgleichungen zu proportionalen Zuordnungen
haben die Form: $y = m \cdot x$.

Beispiel: $m = \dfrac{2-1}{4-2} = \dfrac{1}{2}$

$y = \dfrac{1}{2}x$

▶ **Auftrag:** Ergänze das Beispiel.

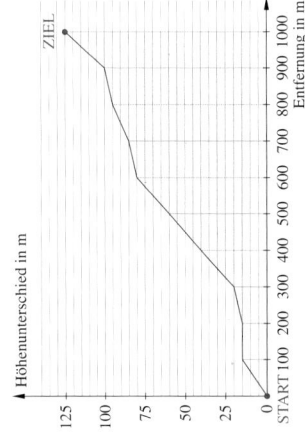

Trainieren

1 Steigungen von Abschnitten

a) Gib den Abschnitt mit der größten Steigung an.

900 m bis 1000 m nach dem Start

b) Gib den Abschnitt mit der kleinsten Steigung an.

100 m bis 200 m nach dem Start

c) Gib zwei 100-m-Abschnitte mit gleich großer Steigung an. z. B.

300 m bis 400 m und 500 m bis 600 m

600 m bis 700 m und 800 m bis 900 m

d) Bestimme die Steigungen in den angegebenen Abschnitten nach dem Start.

0 m bis 100 m:	$m = \dfrac{15}{100} = 0{,}15$	100 m bis 200 m:	$m = \dfrac{0}{100} = 0$
200 m bis 300 m:	$m = \dfrac{5}{100} = 0{,}05$	300 m bis 600 m:	$m = \dfrac{60}{300} = 0{,}20$
700 m bis 800 m:	$m = \dfrac{10}{100} = 0{,}10$	900 m bis 1000 m:	$m = \dfrac{25}{100} = 0{,}25$

2 Geraden und Funktionsgleichungen

a) Zeichne jeweils eine Gerade, die durch den Punkt geht und die gegebene Steigung hat.

y_1: $P_1(-6|-2)$ $m = \dfrac{1}{3}$

y_2: $P_2(2|4)$ $m = 2$

y_3: $P_3(1|-2)$ $m = -2$

y_4: $P_4(-4|4)$ $m = -1$

b) Schreibe die zugehörigen Funktionsgleichungen an die Graphen.

---

3 Berechne jeweils zuerst die Steigung der linearen Funktionen und zeichne danach die Graphen.

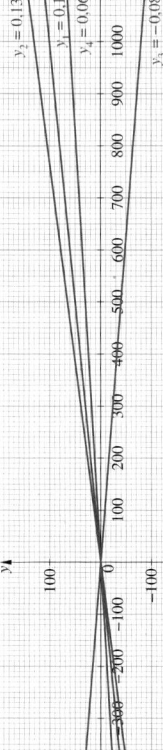

y_1 verläuft durch $A(-1|-1{,}5)$ und $B(-3|1{,}5)$.

$m = \dfrac{1{,}5 - (-1{,}5)}{-3 - (-1)} = -\dfrac{3}{2}$

y_2 verläuft durch $C(-1|3)$ und $D(3|-3)$.

$m = \dfrac{-3 - 3}{3 - (-1)} = -\dfrac{6}{4} = -\dfrac{3}{2}$

y_3 verläuft durch $E(-2{,}5|-2{,}5)$ und $F(3|-1{,}5)$.

$m = \dfrac{-1{,}5 - (-2{,}5)}{3 - (-2{,}5)} = \dfrac{1}{5{,}5} = \dfrac{2}{11}$

y_4 verläuft durch $G(-2|-1{,}5)$ und $H(4|-0{,}5)$.

$m = \dfrac{-0{,}5 - (-1{,}5)}{4 - (-2)} = \dfrac{1}{6}$

y_5 verläuft durch $I(1|1{,}5)$ und $J(3|2{,}5)$.

$m = \dfrac{2{,}5 - 1{,}5}{3 - 1} = \dfrac{1}{2}$

Anwenden und Vernetzen

4 An vielen Straßen im Gebirge steht ein Schild, welches die Steigung bzw. das Gefälle angibt.

a) Kreuze die richtigen Erklärungen an.

„Auf 100 m waagerechter Entfernung kommt man 20 m höher."   ☒ richtig   ☐ falsch

„Die Steigung ist 0,2."   ☐ richtig   ☒ falsch

„Nach 2 km ist man 200 m höher."   Es sind 400 m Höhenunterschied.   ☐ richtig   ☒ falsch

b) Berechne den überwundenen Höhenunterschied für eine Entfernung von 1,5 km laut Straßenkarte.

$0{,}2 \cdot 1\,500\ \text{m} = 300\ \text{m}$

Der überwundene Höhenunterschied beträgt 300 m.

c) Zeichne entsprechende Graphen und gib die zugehörigen Funktionsgleichungen an.

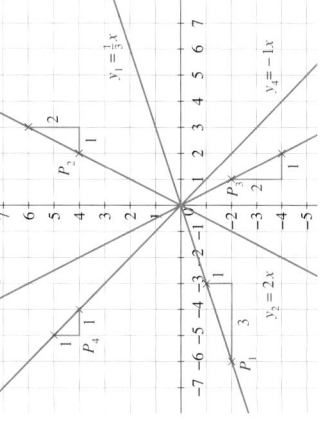
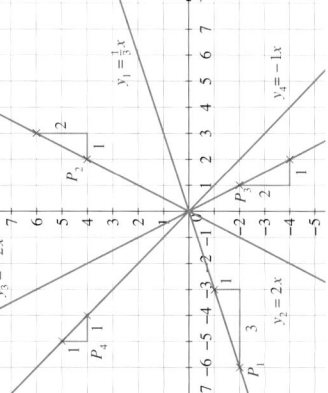

y_2; $0{,}13x$

$x_1 = 0{,}1x$

$y_2 = 0{,}1x$

$y_4 = 0{,}06x$

$y_5 = -0{,}08x$

d) Miss die Anstiegswinkel (kleinster Winkel zwischen Graph und x-Achse).

10% Anstieg: 5,7°   13% Anstieg: 7,4°   8% Gefälle: 4,6°   6% Anstieg; 3,4°

Nullstellen und andere Werte

▶ Grundwissen

Den zu einem x-Wert gehörenden y-Wert und den zu einem y-Wert gehörenden x-Wert kann man mithilfe der Funktionsgleichung berechnen.

Zum Berechnen der Nullstelle setzt man $y = 0$.

Beispiel:
$y = 0,5x - 1,5$
$0 = 0,5x - 1,5 \quad | +1,5$
$1,5 = 0,5x \quad | :0,5$
$3 = x \qquad$ Die Nullstelle liegt bei $x = 3$. _____

▶ Auftrag: Vervollständige den Satz und beschrifte das Koordinatensystem.

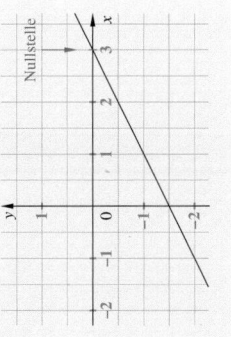

Nullstelle

Trainieren

1 Nullstellen im Koordinatensystem

a) Markiere alle Nullstellen und gib sie an.

① _−5; 0 und 5_   ② _4_

③ _−1_   ④ _−2_

⑤ _(keine Nullstelle)_   ⑥ _(keine Nullstelle)_

b) Wie viele Nullstellen kann eine lineare Funktion haben?

☒ 0   ☐ 1   ☐ 2   ☐ 3   ☒ unendlich viele

c) Vervollständige die Berechnungen der Nullstellen.

④ $y = 0,5x + 1$ ② $y = -0,75x + 3$

$0 = 0,5x + 1 \quad |-1$ $0 = -0,75x + 3 \quad |-3$

$\underline{-1} = 0,5x \quad |:0,5$ $-3 = -0,75x \quad |:(-0,75)$

$\underline{-2} = x$ $\underline{4} = x$

2 Berechne jeweils die fehlende Koordinate vom Schnittpunkt P mit der x-Achse.

a) $y = -4x + 6$ $P(\underline{1,5}\,|0)$

$0 = -4x + 6$	$	-6$
$-6 = -4x$	$	:(-4)$
$1,5 = x$	

b) $y = -3x - 27$ $P(\underline{-9}\,|0)$

$0 = -3x - 27$	$	+27$
$27 = -3x$	$	:(-3)$
$-9 = x$	

c) $y = 1,25x + 20$ $P(\underline{-16}\,|0)$

$0 = 1,25x + 20$	$	-20$
$-20 = 1,25x$	$	:1,25$
$-16 = x$	

3 Berechne jeweils die fehlende Koordinate vom Punkt Q.

a) $y = -4x + 6$ $Q(2\,|\underline{-2})$

$-2 = -4x + 6$	$	-6$
$-8 = -4x$	$	:(-4)$
$2 = x$	

b) $y = -3x - 27$ $Q(-10\,|\underline{3})$

$3 = -3x - 27$	$	+27$
$30 = -3x$	$	:(-3)$
$-10 = x$	

c) $y = 1,25x + 20$ $Q(-4\,|\underline{15})$

$15 = 1,25x + 20$	$	-20$
$-5 = 1,25x$	$	:1,25$
$-4 = x$	

4 Prüfe mithilfe der zugehörigen Graphen, ob deine Ergebnisse stimmen können.

a) Ermittle die Nullstellen rechnerisch.
Forme dazu die Gleichungen im Kopf um.
Hinweis: Nutze, wenn nötig, ein zusätzliches Blatt.

$y_1 = x + 2 \qquad x = \underline{-2}$ $y_2 = -2x \qquad x = \underline{0}$

$y_3 = -2x - 1 \qquad x = \underline{-0,5}$ $y_4 = 3x - 1 \qquad x = \underline{\tfrac{1}{3}}$

$y_5 = 2x + 2 \qquad x = \underline{-1}$

b) Berechne die Schnittpunkte S mit der y-Achse.

$y_1 = x + 2 \qquad S(\,0\,|\,\underline{2}\,)$ $y_2 = -2x \qquad S(\,0\,|\,\underline{0}\,)$

$y_3 = -2x - 1 \quad S(\,0\,|\,\underline{-1}\,)$ $y_4 = 3x - 1 \quad S(\,0\,|\,\underline{-1}\,)$

$y_5 = 2x + 2 \qquad S(\,0\,|\,\underline{2}\,)$

c) Prüfe, ob die Punkte zu $y_1 = x + 2$ gehören. Kreuze an.

$A(3|5)$ ☒ ja   ☐ nein

$B(7|12)$ ☐ ja   ☒ nein

Anwenden und Vernetzen

5 Ein Unternehmen bietet Kerzen an, die sich nur in den Längen unterscheiden. Es ist bekannt, dass die Länge einer brennenden Kerze jeweils um 3 cm pro Stunde abnimmt.

Längen und Preise

15 cm	2,00 €
24 cm	3,00 €
30 cm	2,50 €

a) Gib die gesamte Brenndauer jeder Kerze an.

Die 15 cm lange Kerze brennt insgesamt 5 Stunden.

Die 24 cm lange Kerze brennt insgesamt 8 Stunden.

Die 30 cm lange Kerze brennt insgesamt 10 Stunden.

b) Angenommen, eine neue Kerze des Unternehmens wird angezündet und brennt danach kontinuierlich ab.
Welche der Gleichungen beschreibt diese Funktion? Kreuze an.

☐ $y = 3x - 15$ ☐ $y = -3x - 15$ ☒ $y = -3x + 15$

Was geben x und y in der ausgewählten Gleichung an?

x gibt die Brenndauer der Kerze in Stunden an. y gibt die zugehörige Kerzenlänge in Zentimetern an.

Welche praktische Bedeutung hat die Nullstelle dieser Funktion?

Die Nullstelle gibt an, dass die Kerze nur 5 Stunden brennen kann.

c) Ist die Zuordnung Länge → Preis eine Funktion? Ist es eine proportionale Zuordnung? Begründe deine Antworten.

Die Zuordnung Länge → Preis ist eine Funktion, da jeder Länge (jedem x-Wert aus dem Definitionsbereich)

genau ein Preis (ein y-Wert aus dem Wertebereich) zugeordnet wird.

Sie ist nicht proportional, da $\tfrac{2}{15} \neq \tfrac{3}{24} \neq \tfrac{2,5}{30} \left(\tfrac{x}{y}\right)$ und somit keine Funktionsgleichung vom Typ $y = mx$ existiert.

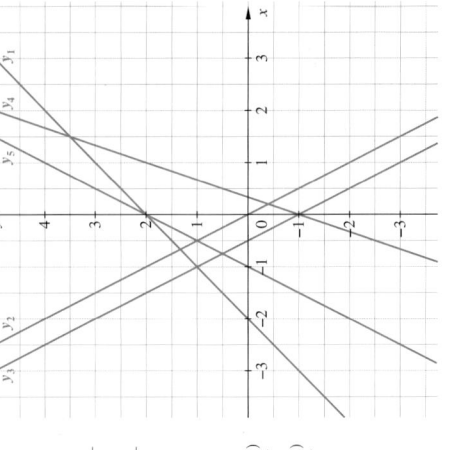

Wahrscheinlichkeiten bei Laplace-Experimenten

▶ Grundwissen

Für Zufallsexperimente, bei denen alle Ergebnisse gleichwahrscheinlich sind, gilt:

$$\text{Wahrscheinlichkeit eines Ereignisses} = \frac{\text{Anzahl der günstigen Ergebnisse}}{\text{Anzahl aller möglichen Ergebnisse}}$$

Beispiel: Würfeln keiner „1", „2", „3" oder „4".

Anzahl der für das Ereignis günstigen Ergebnisse: 2 („5" und „6")

Anzahl aller möglichen Ergebnisse: 6 („1", „2", „3", „4", „5" und „6")

$$P(\text{Würfeln keiner „1", „2", „3" oder „4"}) = \frac{2}{6} = \frac{1}{3}$$

▶ Auftrag: Ergänze das Beispiel.

Trainieren

1 Die Spieler beim „Mensch ärgere dich nicht" haben zwei Ziele.
Sie wollen mit dem nächsten Wurf mit einem Mal Würfeln einen Stein ins Ziel bringen oder einen Stein eines Gegners „rauswerfen". Im Zielbereich darf kein Stein übersprungen werden.

a) Welche Augenzahl ist beim nächsten Wurf demzufolge jeweils ein günstiges Ergebnis?

Günstiges Ergebnis, wenn „Gelb" als Nächstes würfelt.

Augenzahl: „1"

Günstiges Ergebnis, wenn „Schwarz" als Nächstes würfelt.

Augenzahl: „6"

Günstiges Ergebnis, wenn „Rot" als Nächstes würfelt.

Augenzahl: „2" oder „4"

b) Ermittle die Wahrscheinlichkeiten.

Ein gelber Stein kommt beim nächsten Wurf im Ziel an. $\frac{1}{6}$

Ein roter Stein kommt beim nächsten Wurf im Ziel an. 0

Ein roter Stein wirft beim nächsten Wurf einen schwarzen Stein raus. $\frac{2}{6} = \frac{1}{3}$

Kein schwarzer Stein kann beim nächsten Wurf bewegt werden. $\frac{1}{6}$

2 Aus einem vollständigen Skatspiel wird eine Karte gezogen. Gib die Wahrscheinlichkeiten der Ereignisse an.

a) Eine Pik-Karte wird gezogen. $\frac{8}{32} = \frac{1}{4}$

b) Ein König wird gezogen. $\frac{4}{32} = \frac{1}{8}$

c) Eine Herz-Karte, die kein Ass ist, wird gezogen. $\frac{7}{32}$

d) Eine Herz-Karte oder eine Pik-Karte wird gezogen. $\frac{16}{32} = \frac{1}{2}$

3 Peter und Paul spielen mit einem 20-seitigen Spielwürfel.
Schreibe jeweils die Wahrscheinlichkeit des Ereignisses auf.
Hinweis: Schreibe die günstigen Ergebnisse auf.

a) Mit welcher Wahrscheinlichkeit fällt eine gerade Zahl?

$\frac{10}{20}$ (günstige Ergebnisse: „2", „4", „6", „8", „10", „12", „14", „16", „18", „20")

b) Mit welcher Wahrscheinlichkeit fällt eine durch 6 teilbare Zahl?

$\frac{3}{20}$ (günstige Ergebnisse: „6", „12", „18")

c) Mit welcher Wahrscheinlichkeit fällt eine Zahl, die man nicht durch 7 teilen kann?

$\frac{18}{20}$ (günstige Ergebnisse: nicht „7" und „14")

d) Mit welcher Wahrscheinlichkeit fällt eine Quadratzahl?

$\frac{4}{20}$ (günstige Ergebnisse: „1", „4", „9", „16")

e) Mit welcher Wahrscheinlichkeit fällt eine Zahl, die durch 5 oder durch 8 teilbar ist?

$\frac{6}{20}$ (günstige Ergebnisse: „5", „10", „15", „20", „8", „16")

f) Mit welcher Wahrscheinlichkeit fällt eine Primzahl?

$\frac{8}{20}$ (günstige Ergebnisse: „2", „3", „5", „7", „11", „13", „17", „19")

Anwenden und Vernetzen

4 Peter und Paul wetten beim Würfeln mit einem 20-seitigen Würfel.
Peter gewinnt, wenn die Zahl größer als 12 ist. Paul gewinnt, wenn die Zahl durch 3 teilbar ist.
Ist das Spiel fair? Begründe.

Das Spiel ist nicht fair. Peter gewinnt bei „13", „14", „15", „16", „17", „18", „19" und „20".

Die Wahrscheinlichkeit beträgt $\frac{8}{20} = 40\%$.

Paul gewinnt bei „3", „6", „9", „12", „15" und „18". Die Wahrscheinlichkeit beträgt $\frac{6}{20} = 30\%$.

5 In einer Kiste sind mehrere Karten. Auf 5 Karten ist ein Quadrat, auf 7 Karten ist ein Rechteck, auf 9 Karten ist ein unregelmäßiges Dreieck und 4 Karten ist ein Kreis abgebildet.
Es wird jeweils nur eine Karte aus der Kiste gezogen. Danach wird diese zurückgelegt.
Gib jeweils die Wahrscheinlichkeit des Ereignisses in drei unterschiedlichen Schreibweisen an.

a) Die Innenwinkelsumme der Figur auf der Karte beträgt 360°.

$\frac{12}{25} = 0,48 = 48\%$ (günstige Ergebnisse: 5 Quadrate; 7 Rechtecke)

b) Eine Karte ohne Kreis wird gezogen.

$\frac{21}{25} = 0,84 = 84\%$ (günstige Ergebnisse: 5 Quadrate; 7 Rechtecke; 9 Dreiecke)

c) Eine Karte mit einer symmetrischen Figur wird gezogen.

$\frac{16}{25} = 0,64 = 64\%$ (günstige Ergebnisse: 5 Quadrate; 7 Rechtecke; 4 Kreise)

d) Die Wahrscheinlichkeit eines Ereignisses beträgt 56%. Welches Ereignis kann dies sein?

$56\% = \frac{14}{25} = 0,56$ Da $5 + 9 = 14$, ist das Ereignis z. B. „Ziehen eines Quadrats oder Dreiecks".

Baumdiagramme

▶ Grundwissen

Mit Baumdiagrammen können mehrstufige Zufallsversuche dargestellt werden.

Beispiel:
Martin (M), Alexander (A) und
Kolja (K) überlegen, wer beim
Staffellauf als Erster, Zweiter
bzw. Dritter startet.
Dafür veranschaulichen sie alle
Möglichkeiten genau einmal.

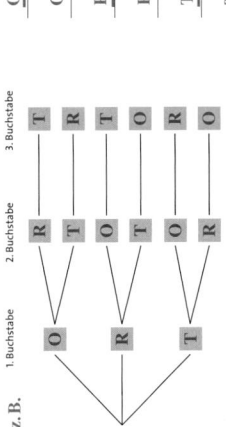

1. Läufer	2. Läufer	3. Läufer
M	A	K
	K	A
A	M	K
	K	M
K	M	A
	A	M

Variante 1: Martin – Alexander – Kolja
Variante 2: Martin – Kolja – Alexander
Variante 3: Alexander – Martin – Kolja
Variante 4: Alexander – Kolja – Martin
Variante 5: Kolja – Martin – Alexander
Variante 6: Kolja – Alexander – Martin

▶ Auftrag: Ergänze Variante 1.

Trainieren

1 Jeder der drei Streifen der Flagge des Sportclubs Tricolor soll eine andere Farbe haben.
Schwarz, Grün, Blau und Rot stehen zur Verfügung.

a) Veranschauliche im Baumdiagramm alle Möglichkeiten. Färbe dazu die Teile der Flaggen ein.

b) Markiere die drei am besten aussehenden Fahnen. **individuelle Lösung**

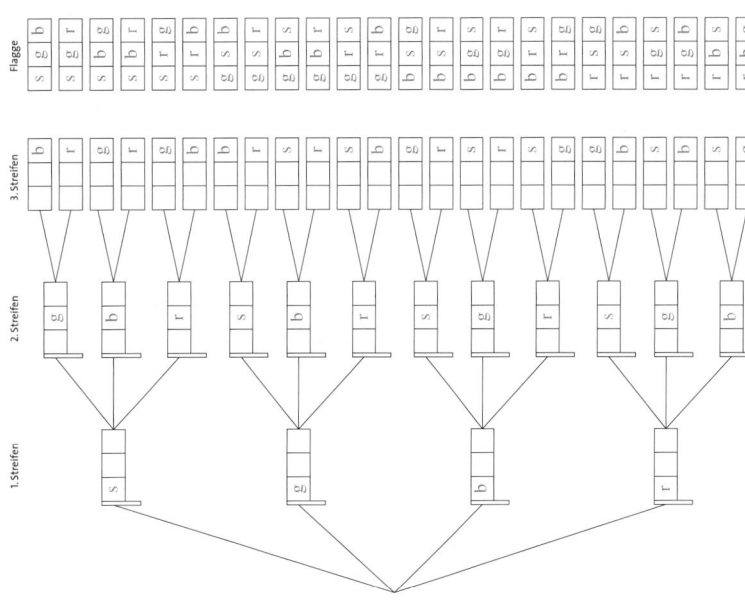

2 Anordnen von Buchstaben

a) Stelle im Baumdiagramm alle Möglichkeiten, die Buchstaben O, R und T nacheinander anzuordnen, dar.
Notiere rechts daneben die Möglichkeiten und unterstreiche alle Anordnungen, die ein sinnvolles Wort ergeben.

z. B.

1. Buchstabe	2. Buchstabe	3. Buchstabe	
O	R	T	ORT
	T	R	OTR
R	O	T	ROT
	T	O	RTO
T	O	R	TOR
	R	O	TRO

b) Wie viele Möglichkeiten gibt es, die Buchstaben O, R, T und E nacheinander anzuordnen?
Begründe dein Ergebnis.

Für den 1. Buchstaben gibt es vier Möglichkeiten, für jeden 2. Buchstaben drei Möglichkeiten,

für jeden 3. Buchstaben zwei Möglichkeiten und für jeden 4. Buchstaben eine Möglichkeit. $4 \cdot 3 \cdot 2 \cdot 1 = 24$

Es gibt 24 Möglichkeiten, die Buchstaben O, R, T und E nacheinander anzuordnen.

Anwenden und Vernetzen

3 Anna sagt: „Ich habe drei Geschwister. Mindestens eins davon
ist ein Bruder."
Stefanie sagt: „Ich habe auch drei Geschwister. Das jüngste ist
ein Bruder."
Finde mithilfe eines Baumdiagramms heraus, wer von beiden
vermutlich eher mindestens zwei Brüder haben kann.
Begründe deine Meinung.
Hinweis: Schreibe jeweils „J" für Bruder bzw. Junge und
„M" für Schwester bzw. Mädchen.

z. B.

Jüngste	Mittlere	Ältere	
M	M	M	
		J	
	J	M	
		J	
J	M	M	
		J	
	J	M	
		J	

Geschwister nach dem Alter sortiert von Anna:

MMJ; MJM; MJJ; JMM; JMJ; JJM; JJJ

Geschwister nach dem Alter sortiert von Stefanie:

JMM; JMJ; JJM; JJJ

Bei Anna gibt es insgesamt 7 Möglichkeiten. Bei 4 davon hat sie mindestens zwei Brüder. Der Anteil beträgt $\frac{4}{7}$.

Bei Stefanie gibt es insgesamt 4 Möglichkeiten. Bei 3 davon hat sie mindestens zwei Brüder. Der Anteil beträgt $\frac{3}{4}$.

$\frac{4}{7} = \frac{16}{28}$ $\frac{3}{4} = \frac{21}{28}$ $\frac{16}{28} < \frac{21}{28}$ Stefanie hat demzufolge vermutlich eher zwei Brüder.

Produkt- und Summenregel

▶ Grundwissen

- **Produktregel:** Bei zweistufigen Zufallsexperimenten erhält man die Wahrscheinlichkeit eines Ergebnisses, indem man die Wahrscheinlichkeiten entlang des zugehörigen Pfades multipliziert.

- **Summenregel:** Bei zweistufigen Zufallsexperimenten ist die Wahrscheinlichkeit eines Ereignisses gleich der Summe der Wahrscheinlichkeiten aller Pfade, die zum Ereignis gehören.

Beispiel:
Martin (M), Alexander (A) und Kolja (K) überlegen:
Wie wahrscheinlich ist es, dass sie nach der Auslosung
Martin als Erster und Alexander als Zweiter startet?
Wie wahrscheinlich ist es, dass nach der Auslosung
Martin als Zweiter startet?

$P(\text{„Martin als Erster und Alexander als Zweiter“}) = \frac{1}{3} \cdot \frac{1}{2} = \frac{1}{6}$

$P(\text{„Martin als Zweiter“}) = \frac{1}{3} \cdot \frac{1}{2} + \frac{1}{3} \cdot \frac{1}{2} = \frac{2}{6} = \frac{1}{3}$

▲ **Auftrag:** Berechne die gesuchten Wahrscheinlichkeiten.

Trainieren

1 Das Glücksrad wird zweimal gedreht.

a) Ergänze das zugehörige Baumdiagramm, die Ergebnisse und die Wahrscheinlichkeiten.

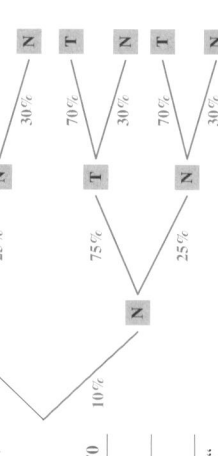

1. Drehung	2. Drehung		Wahrscheinlichkeiten der Ergebnisse
	1		$P(\{(1;1)\}) = \frac{1}{16}$
1	2		$P(\{(1;2)\}) = \frac{1}{8}$
	3		$P(\{(1;3)\}) = \frac{1}{16}$
	1		$P(\{(2;1)\}) = \frac{1}{8}$
2	2		$P(\{(2;2)\}) = \frac{1}{4}$
	3		$P(\{(2;3)\}) = \frac{1}{8}$
	1		$P(\{(3;1)\}) = \frac{1}{16}$
3	2		$P(\{(3;2)\}) = \frac{1}{8}$
	3		$P(\{(3;3)\}) = \frac{1}{16}$

b) Vervollständige folgende Tabelle.

erzielte Summe nach zweimal Drehen	2	3	4	5	6
Wahrscheinlichkeit	$\frac{1}{16}$	$\frac{2}{8} = \frac{1}{4}$	$\frac{6}{16} = \frac{3}{8}$	$\frac{2}{8} = \frac{1}{4}$	$\frac{1}{16}$

c) Mit welcher Wahrscheinlichkeit ist die erzielte Summe größer als 4?

$\frac{1}{8} + \frac{1}{8} + \frac{1}{16} = \frac{5}{16}$ Die Wahrscheinlichkeit, dass die erzielte Summe größer als 4 ist, ist $\frac{5}{16}$.

d) Gib ein Beispiel für ein Ereignis an, das mit der Wahrscheinlichkeit 0 eintritt.
z.B. Die erzielte Summe ist 9.

---

2 Eine 50-Cent-Münze und ein Spielwürfel mit den Augenzahlen 1 bis 6 fallen gleichzeitig zu Boden.

a) Vervollständige das Baumdiagramm so, dass alle möglichen Ergebnisse leicht ablesbar sind.

b) Gib die entsprechenden Wahrscheinlichkeiten an.

A: „Wappen und eine Zahl, die größer als 4 ist“

$P(A) = \frac{2}{12} = \frac{1}{6}$

B: „50 Cent und eine Zahl, die kleiner bzw. gleich 3 ist“

$P(B) = \frac{3}{12} = \frac{1}{4}$

c) Gib ein Experiment (ohne Spielwürfel und Münze) an, das auch durch den Baum von Teilaufgabe **a** beschrieben wird.
Hinweis: Kontrolliert die Beschreibungen gegenseitig.

individuelle Lösung

Spielwürfel		Münze
1		W $\frac{1}{2}$
		Z $\frac{1}{2}$
2		W $\frac{1}{2}$
		Z $\frac{1}{2}$
3		W $\frac{1}{2}$
		Z $\frac{1}{2}$
4		W $\frac{1}{2}$
		Z $\frac{1}{2}$
5		W $\frac{1}{2}$
		Z $\frac{1}{2}$
6		W $\frac{1}{2}$
		Z $\frac{1}{2}$

Anwenden und Vernetzen

3 Micha Pallack übte im Training Elfmeterschießen. Er schoss jeweils dreimal hintereinander. Der Trainer notierte alle Ergebnisse und erstellte die abgebildete Erfolgsstatistik.

Schuss	1	2	3
Wahrscheinlichkeit für einen Treffer	90%	75%	70%

a) Erstelle ein vollständig beschriftetes Baumdiagramm. Trage darin die Wahrscheinlichkeiten ein. Hinweis: „T“ steht für „Treffer“ und „N“ für „kein Tor“.

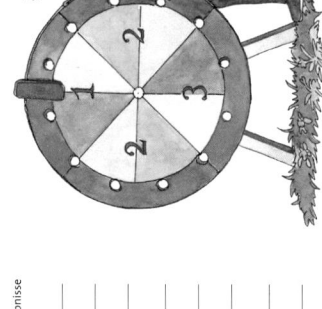

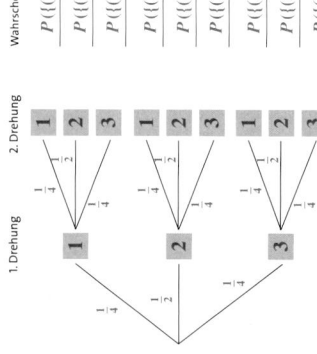

	1. Schuss	2. Schuss	3. Schuss
	90% T	75% T	70% T
			30% N
		25% N	70% T
			30% N
	10% N	75% T	70% T
			30% N
		25% N	70% T
			30% N

b) Mit welcher Wahrscheinlichkeit trifft Pallack dreimal hintereinander?

$P(\text{„trifft dreimal hintereinander“}) = 0{,}90 \cdot 0{,}75 \cdot 0{,}70$

$= 0{,}4725 = 47{,}25\%$

Die Wahrscheinlichkeit beträgt 47,25%.

c) Schreibe das Ereignis E_1: „Er schießt höchstens ein Tor“ als Menge und berechne $P(E_1)$.

$E_1: \{(N|N|N); (T|N|N); (N|T|N); (N|N|T)\}$

$P(E_1) = 0{,}10 \cdot 0{,}25 \cdot 0{,}30 + 0{,}90 \cdot 0{,}25 \cdot 0{,}30 + 0{,}10 \cdot 0{,}75 \cdot 0{,}30 + 0{,}10 \cdot 0{,}25 \cdot 0{,}70 = 0{,}115 = 11{,}5\%$

d) Der Ball eines Profifußballers fliegt mit ca. $100 \frac{km}{h}$. Überschlage, wie lange er für 11 m benötigt.

Der Ball benötigt ca. 0,4 s.

Kapitel Dreiecke und Vierecke

1 Gib jeweils die entsprechenden Formeln zur Berechnung vom Umfang und Flächeninhalt an. Miss die benötigten Längen.

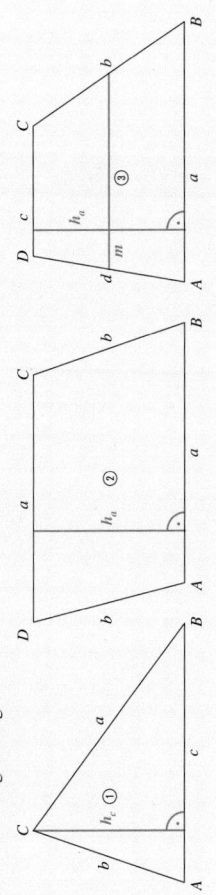

$u = a + b + c$
$u = 5\,\text{cm} + 3{,}2\,\text{cm} + 5\,\text{cm}$
$u = 13{,}2\,\text{cm}$
$A = \frac{c \cdot h_c}{2}$
$A = \frac{5\,\text{cm} \cdot 3\,\text{cm}}{2}$
$A = 7{,}5\,\text{cm}^2$

$u = a + b + a + b = 2 \cdot a + 2 \cdot b$
$u = 2 \cdot 5\,\text{cm} + 2 \cdot 3{,}2\,\text{cm}$
$u = 16{,}4\,\text{cm}$
$A = a \cdot h_a$
$A = 5\,\text{cm} \cdot 3\,\text{cm}$
$A = 15\,\text{cm}^2$

$u = a + b + c + d$
$u = 5\,\text{cm} + 3{,}7\,\text{cm} + 2{,}5\,\text{cm} + 3\,\text{cm}$
$u = 14{,}2\,\text{cm}$
$A = \frac{a+c}{2} \cdot h_a = m \cdot h_a$
$A = \frac{5\,\text{cm} + 2{,}5\,\text{cm}}{2} \cdot 3\,\text{cm}$
$A = 11{,}25\,\text{cm}^2$

2 Ergänze zu 6 cm² großen Flächen.
z.B.
Dreieck   Parallelogramm   Drachen

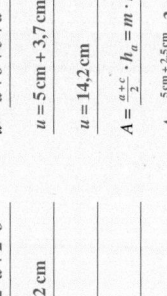

3 Ein Trapez ist 20 cm² groß. Die zueinander parallelen Seiten sind 2 cm und 6 cm lang. Ermittle die Höhe des Trapezes.

$m = \frac{2\,\text{cm} + 6\,\text{cm}}{2} = 4\,\text{cm}$ $\quad 4\,\text{cm} \cdot h = 20\,\text{cm}^2 \text{ und } 4\,\text{cm} \cdot 5\,\text{cm} = 20\,\text{cm}^2$

Das Trapez ist 5 cm hoch.

4 Der Hausgiebel soll mit Platten gedämmt werden. Wie teuer wird dies, wenn mit Kosten von 40 € pro Quadratmeter gerechnet wird? Runde das Ergebnis sinnvoll.

z.B.
$A_1 = \frac{4{,}8\,\text{m} + (6{,}2\,\text{m} + 1{,}8\,\text{m})}{2} \cdot 4{,}2\,\text{m} = 6{,}4\,\text{m} \cdot 4{,}2\,\text{m} = 26{,}88\,\text{m}^2$
$A_2 = \frac{6{,}2\,\text{m} + (6{,}2\,\text{m} + 1{,}8\,\text{m})}{2} \cdot 5{,}6\,\text{m} = 7{,}1\,\text{m} \cdot 5{,}6\,\text{m} = 39{,}76\,\text{m}^2$
$A = 26{,}88\,\text{m}^2 + 39{,}76\,\text{m}^2 = 66{,}64\,\text{m}^2$ $\quad 66{,}64 \cdot 40\,\text{€} = 2\,665{,}60\,\text{€}$

Etwa 2700 € wird die Dämmung kosten.

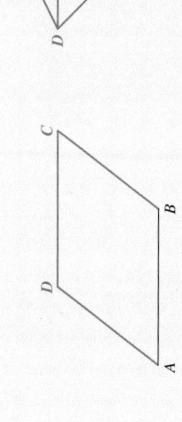

Kapitel Lineare Gleichungen

1 Kreuze jeweils alle Lösungen an.

a) $5x - 7 = 13$	□ 1	□ 2	□ 3	☒ 4	□ 5
b) $3x - 15 = 2x + 5$	□ 10	☒ 20	□ 30	□ 40	□ 50
c) $48 = x \cdot x + 47$	□ -2	☒ -1	□ 0	☒ 1	□ 2
d) $-12 + x - 3 = x - 15$	☒ 1	□ 5	☒ 7	☒ 100	☒ 0,5

2 Stelle passende Gleichungen auf und gib deren Lösungen an.

a) „Wird 45 zu einer Zahl addiert, so ist das Ergebnis 61."
Gleichung: $x + 45 = 61$ Lösung: $x = 16$

b) „Wird 27 von einer Zahl subtrahiert, so ist das Ergebnis 41."
Gleichung: $x - 27 = 41$ Lösung: $x = 68$

c) „Wird zum Doppelten einer Zahl 38 addiert, so ist das Ergebnis 52."
Gleichung: $2x + 38 = 52$ Lösung: $x = 7$

d) „Wird zuerst eine Zahl mit 21 multipliziert und danach 5 abgezogen, so ist das Ergebnis 100."
Gleichung: $21x - 5 = 100$ Lösung: $x = 5$

3 Gib zwei Gleichungen mit der Lösung 5 an.
z.B.
$x + 5 = 10$ $\qquad 4x = 20$ $\qquad (4x - 3 = 17 \qquad \frac{4x}{7} - \frac{3}{7} = \frac{17}{7}$

4 Markiere gegebenenfalls die Fehler und gib die Lösung an.

a)
$9y = 5 - 3y + 7$ $\quad | +3y$
$12y = 12$ $\quad | :12$
$y = 1$ $\qquad L = \{1\}$

b)
$5x + 7 - 3x = 15$ $\quad | -7$
$2x = 15$ $\quad | :2$
$x = 7{,}5$ $\quad f \quad L = \{7{,}5\}$

zu b)
$5x + 7 - 3x = 15$ $\quad | -7$
$2x = 8$ $\quad | :2$
$x = 4$ $\qquad L = \{4\}$

5 Amelie durfte 20 € mit zur Klassenfahrt nehmen. Sie gab am ersten Tag 2 € mehr aus als am zweiten Tag, am dritten Tag nichts und an den letzten beiden Tagen jeweils 3 €. Als Amelie zurückkam, war noch 1 € übrig. Wie viel gab sie an den einzelnen Tagen aus?

$x + 2\,\text{€}$	steht für die Ausgaben am ersten Tag.	$5{,}5\,\text{€} + 2\,\text{€} = 7{,}5\,\text{€}$
x	steht für die Ausgaben am zweiten Tag.	$5{,}5\,\text{€}$
0	steht für die Ausgaben am dritten Tag.	$0\,\text{€}$
$3\,\text{€}$	steht für die Ausgaben am vierten und fünften Tag.	$6\,\text{€}$

$20\,\text{€} - (x + 2\,\text{€}) - x - 6\,\text{€} = 1\,\text{€}$
$12\,\text{€} - 2x = 1\,\text{€}$ $\quad | -1\,\text{€}$
$11\,\text{€} - 2x = 1\,\text{€}$ $\quad | + 2x$
$11\,\text{€} = 2x$ $\quad | :2$
$5{,}50\,\text{€} = x$

Sie gab am ersten Tag 7,50 €, am zweiten 5,50 €, am dritten 0 € und an den letzten beiden Tagen je 3,00 € aus.

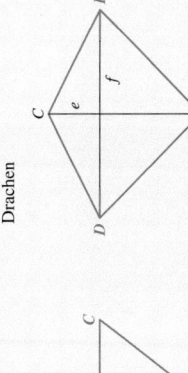

Kapitel Prozent- und Zinsrechnung

1 Ermittle Prozentwerte und Grundwerte.

a) Schraffiere jeweils 30 % der Flächen.

b) Verlängere jeweils das Rechteck so, dass der Anteil der vorgegebenen Fläche 70 % beträgt.

2 Zum Schlussverkauf reduziert ein Verkäufer Preise. Ergänze die Tabelle.
Hinweis: Rechne wenn nötig auf einem zusätzlichen Blatt.

	Preissenkung		alter Preis	neuer Preis
	in Euro	in Prozent		
Hosen	20,67 €	26 %	79,50 €	58,83 €
Röcke	9,10 €	20 %	45,50 €	36,40 €
Hemden	9,00 €	15 %	60,00 €	51,00 €
Pullover	12,21 €	22 %	55,50 €	43,29 €
T-Shirts	3,50 €	14 %	25,00 €	21,50 €

3 Ergänze die Tabelle.
Hinweis: Rechne wenn nötig auf einem zusätzlichen Blatt.

Kapital	500,00 €	7 000,00 €	800,00 €	850,00 €	750,00 €	600,00 €
Zinssatz p. a.	12 %	2 %	1,25 %	12,5 %	14,5 %	9,2 %
Anlagedauer	ein Jahr	ein Jahr	ein Jahr	2 Monate	10 Tage	viertel Jahr
Zinsen	60,00 €	140,00 €	10,00 €	17,71 €	3,02 €	13,80 €

4 Herr Kinzer hat 3 000,00 € im Lotto gewonnen. Davon zahlt er 30 % auf ein Sparbuch mit einem Zinssatz von 2,25 % p. a. ein. 50 % legt er als Festgeld mit Zinseszinsverzinsung zu einem Zinssatz von 2,3 % p. a. für 30 Monate an.

a) Berechne, wie viel Zinsen im ersten Jahr anfallen.

Zinsen für 900,00 € auf dem Sparbuch: 20,25 €   Zinsen für 1 500,00 € Festgeld: 34,50 €

Im ersten Jahr fallen 54,75 € Zinsen an.

b) Berechne das Guthaben auf dem Festgeldkonto am Ende der Laufzeit.

30 Monate sind 2,5 Jahre.

	Zinsen	Kapital
Anfang		1 500,00 €
nach 1 Jahr	34,50 €	1 534,50 €
nach 2 Jahren	35,29 €	1 569,79 €
nach 2,5 Jahren	18,05 €	1 587,74 €

Nach 30 Monaten beträgt das Guthaben auf dem Festgeldkonto 1 587,74 €.

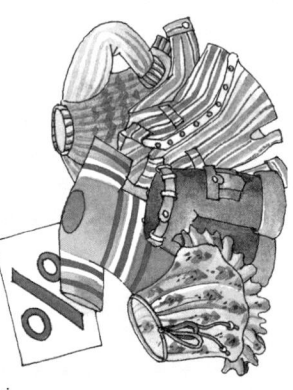

Kapitel Prismen

1 Markiere in den Netzen von Prismen die Seitenflächen, die Körperhöhe sowie die Grund- und die Deckfläche.
Lege dazu Farben fest.
Hinweis: Prüfe zuerst, ob es das Netz eines Prismas ist.

☐ Seitenflächen S   ☐ Grund- und Deckfläche G   ☐ Körperhöhe h_k

a)

b)

c)

d)

2 Ein Prisma hat als Grundfläche ein rechtwinkliges Dreieck mit 3 cm, 4 cm und 5 cm langen Seiten.
Es ist 8 cm hoch.

a) Berechne die Größe der Oberfläche und das Volumen des Prismas.

$$M = u \cdot h_k = (3\,\text{cm} + 4\,\text{cm} + 5\,\text{cm}) \cdot 8\,\text{cm} = 96\,\text{cm}^2 \qquad G = \frac{3\,\text{cm} \cdot 4\,\text{cm}}{2} = 6\,\text{cm}^2$$

$$O = M + 2G = 96\,\text{cm}^2 + 2 \cdot 6\,\text{cm}^2 = 108\,\text{cm}^2$$

$$V = G \cdot h_k = 6\,\text{cm}^2 \cdot 8\,\text{cm} = 48\,\text{cm}^3$$

b) Vervollständige die Grundflächen von Prismen mit gleicher Körperhöhe und gleichem Volumen.

Rechteck   Trapez   Parallelogramm

3 Ein Architekt plant ein neues Kinderbecken für ein Hotel. Es soll groß erscheinen und nicht viel Wasser fassen. Welches der beiden Modelle wird vermutlich gewählt? Begründe deine Antwort.

Modell A
0,80 m tief

Modell B
75 cm tief

1 m

Modell B wird vermutlich gewählt.

Der Flächeninhalt der Grundflächen jedes Modells beträgt 10 m².

Modell A fast 8 m³ Wasser und Modell B nur 7,5 m³.

Kapitel Rechnen mit Klammern

1 Setze „=" bzw. „≠" ein und unterstreiche gegebenenfalls im rechten Term den Fehler.

a) $7 \cdot (5a + 4)$ [≠] $7 \cdot 5a + 5a \cdot 4$
b) $(1 + 2a) \cdot 3b$ [=] $3b + 6ab$
c) $(1 − 4t) \cdot (4 − t)$ [≠] $4 − t + 16t + t^2$
d) $(2 − 4s) \cdot (2 − 4s)$ [≠] $4 − 16s + 4s^2$
e) $(3r + 9s)^2$ [=] $9r^2 + 54rs + 81s^2$
f) $(7 − 7n) \cdot (7 + 7n)$ [≠] $49 + 49n^2$

2 Multipliziere.

a) $10 \cdot (7 + 4a) = 70 + 40a$
b) $−7b \cdot (6 − 4a) = −42b + 28ab$
c) $(3b − 11c + 4) \cdot 5a = 15ab − 55ac + 20a$
d) $(3d − 4) \cdot (3d − 4) = 9d^2 − 24d + 16$
e) $(9e + 8s) \cdot (9e + 8s) = 81e^2 + 144es + 64s^2$
f) $(0,3 − 0,2f) \cdot (0,3 + 0,2f) = 0,09 − 0,04f^2$
g) $(1,1 − 2g) \cdot (1,1 − h) = 1,21 − 1,1h − 2,2g + 2gh$
h) $(0,6 − 4h) \cdot (4h + 0,6) = 0,36 − 16h^2$

3 Schreibe als Produkt. Klammere möglichst viel aus.

a) $21a + 28 = 7 \cdot (3a + 4)$
b) $10a + 20ab − 30ac = 10a \cdot (1 + 2b − 3c)$
c) $50c^2 − 40bc = 10c \cdot (5c − 4b)$
d) $d^2 − 4d + 4 = (d − 2) \cdot (d − 2)$
e) $9d^2 + 60d + 100 = (3d + 10) \cdot (3d + 10)$
f) $25 − 400f^2 = (5 + 20f) \cdot (5 − 20f)$
g) $7g^2 − 42gh + 28g^2 = 7g \, (g − 6h + 4i^2)$
h) $0,04h^2 − 0,4h + 1 = (0,2h − 1) \cdot (0,2h − 1)$

4 Berechne mithilfe der binomischen Formeln.

a) $92 \cdot 108 = (100 − 8) \cdot (100 + 8) = 10000 − 64 = 9936$
b) $97^2 = (100 − 3) \cdot (100 − 3) = 10000 − 600 + 9 = 9409$
c) $38 \cdot 38 = (30 + 8) \cdot (30 + 8) = 900 + 480 + 64 = 1444$

5 Familie Lehn sollte zuerst ein quadratisches Grundstück mit der Seitenlänge l erhalten.
An einer Seite wurde aber ein 3 m breiter Streifen zu einem Weg,
Zum Ausgleich gab es einen 3 m breiten Streifen, der senkrecht zum Weg verläuft.
Letztendlich ist es ein rechteckiges Grundstück geworden.

a) Veranschauliche den Sachverhalt.
z. B.

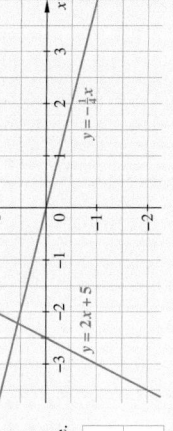

altes Grundstück   3 m   neues Grundstück   3 m

b) Ermittle mithilfe einer Rechnung, wie sich die Größe des Grundstücks veränderte.

alte Größe: l^2 neue Größe: $(l − 3m) \cdot (l + 3m) = l^2 − 9\ m^2$

Das Grundstück wurde 9 m² kleiner.

Kapitel Zuordnungen und Funktionen

1 Graphen im Koordinatensystem

a) Gib die Funktionsgleichung zum gegebenen Graphen an.
$y = −\tfrac{1}{4}x + 2$

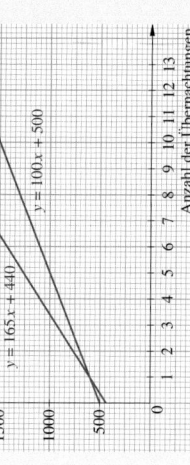

b) Eine proportionale Zuordnung hat die gleiche Steigung wie die im Koordinatensystem vorgegebene Zuordnung. Zeichne deren Graphen und gib die Funktionsgleichung der proportionalen Zuordnung an.
$y = −\tfrac{1}{4}x$

c) Ergänze zuerst die Wertetabelle zur Funktionsgleichung $y = 2x + 5$.
Zeichne danach den Graphen und markiere die Nullstelle.

x	−4	−2,5	−1	0	2
y	−3	0	3	5	9

2 Der Graph der linearen Funktion verläuft durch die Punkte $P(−2|6)$ und $Q(3|−9)$.

a) Lena sagt: „Die Steigung ist −3 und die Funktionsgleichung ist $y = −3x$." Hat sie recht? Begründe deine Meinung.

$m = \frac{−9−6}{3−(−2)} = −3$ $6 = −3 \cdot (−2) + n$, somit ist $n = 0$ und $y = −3x$ Lena hat recht.

b) Prüfe, ob die Punkte auf der Geraden liegen.

$A(−7|21)$ [☒] ja [ ] nein $B(−21|7)$ [ ] ja [☒] nein $C(−\tfrac{2}{3}|2)$ [☒] ja [ ] nein $D(−4|8)$ [ ] ja [☒] nein

3 Familie Spiegel plant eine 7- bis 14-tägige Reise. Sie hat die Wahl zwischen drei Reiseangeboten.

Angebot 1:
Pauschalreise für 1800,00 € mit bis zu 14 Tagen Aufenthalt

Angebot 2:
An- und Abreise für 500,00 € und 100,00 € pro Übernachtung

Angebot 3:
An- und Abreise für 440,00 € und 165 € pro Übernachtung (+ 10% Vermittlungsgebühr)

a) Veranschauliche die Angebote im Koordinatensystem. Bei wie vielen Übernachtungen ist das jeweilige Angebot im Vergleich zu den anderen beiden preisgünstig?

Angebot 1: 13 bzw. 14 Übernachtungen

Angebot 2: 1 bis 13 Übernachtungen

Angebot 3: 1 Übernachtung

b) Ordne den Graphen Gleichungen zu.

c) Welches Angebot wird vermutlich als Erstes ausgeschlossen?

Angebot 3 wird vermutlich als Erstes ausgeschlossen, da die anderen beiden Angebote preiswerter erscheinen.

(Graph: Gesamtpreis in Euro; $y = 1800$; $y = 165x + 440$; $y = 100x + 500$; Anzahl der Übernachtungen)

Kapitel Zweistufige Zufallsexperimente

1 Clas versucht zwei Frösche in eine große Tasse springen zu lassen. Er trifft erfahrungsgemäß mit einer Wahrscheinlichkeit von 40 % in die große Tasse.

a) Beschrifte das Baumdiagramm.

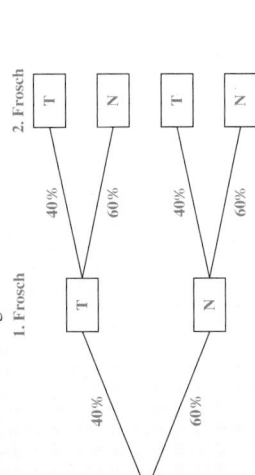

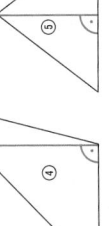

b) Mit welcher Wahrscheinlichkeit landen die beiden Frösche in der Tasse?

$0{,}4 \cdot 0{,}4 = 0{,}16 = 16\%$

c) Mit welcher Wahrscheinlichkeit landet mindestens ein Frosch in der Tasse?

$0{,}4 \cdot 0{,}4 + 0{,}4 \cdot 0{,}6 + 0{,}6 \cdot 0{,}4 = 0{,}64 = 64\%$

d) Mit welcher Wahrscheinlichkeit landet nur der zweite Frosch in der Tasse?

$0{,}6 \cdot 0{,}4 = 0{,}24 = 24\%$

2 Frau Chung hat Reis, Nudeln, gebackenes Hähnchen, gebackene Ente, Pilze mit Gemüse und Ananas mit Gemüse im Angebot.

a) Ermittle mithilfe von zwei Baumdiagrammen, wie viele Gerichte vermutlich auf der Speisekarte stehen werden. Jedes Gericht besteht entweder aus einer einfachen Portion Reis oder Nudeln und einer oder zwei der anderen Komponenten, die dazukommen.

16 Gerichte stehen vermutlich auf der Speisekarte.

b) Jedes Gericht hat eine andere Nummer (1; 2; 3; 4; 5; …). Die Nummern wurden nach dem Zufallsprinzip und ohne System vergeben. Mit welcher Wahrscheinlichkeit ist das erste Gericht mit gebackener Ente?

$\frac{6}{16} = \frac{3}{8}$

Jahrgangsstufentest

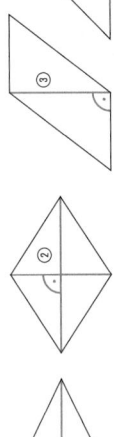

1 a) Benenne jede Fläche möglichst genau und berechne die Flächeninhalte. Miss die dazu benötigten Strecken.

① **Drachen** $\quad A = \frac{2\,\text{cm} \cdot 3\,\text{cm}}{2} = 3\ \text{cm}^2$

② **Raute** $\quad A = \frac{2\,\text{cm} \cdot 3\,\text{cm}}{2} = 3\ \text{cm}^2$

③ **Parallelogramm** $\quad A = 1{,}5\ \text{cm} \cdot 2\ \text{cm} = 3\ \text{cm}^2$

④ **Trapez** $\quad A = \frac{2{,}5\,\text{cm} + 1\,\text{cm}}{2} \cdot 2\ \text{cm} = 3{,}5\ \text{cm}^2$

⑤ **gleichschenkliges spitzwinkliges Dreieck** $\quad A = \frac{3\,\text{cm} \cdot 2\,\text{cm}}{2} = 3\ \text{cm}^2$

b) Alle Flächen sind Grundflächen von 5 cm hohen geraden Prismen. Welche der Körper haben gleich große Volumen?

①; ②; ⑤

2 Maximilian sagt: „Ich habe von einer Zahl 7 subtrahiert und die Differenz mit 5 multipliziert. Das Ergebnis ist 15." Berechne die Zahl. Überprüfe dein Ergebnis mithilfe der Probe.

$(x - 7) \cdot 5 = 15 \quad |:5$
$x - 7 = 3 \quad |+7$
$x = 10 \quad |:5$

Probe: $(10 - 7) \cdot 5 = 15$
$15 = 15$
Die Aussage ist wahr.
10 ist die gesuchte Zahl.

3 Bankgeschäfte

a) Frau Niklas lieh sich für sieben Monate 1 300,00 € zu einem Zinssatz von 6,2 % p. a. Berechne den Betrag, der nach sieben Monaten an die Bank zu zahlen ist.

$Z = \frac{6{,}2 \cdot 1\,300\,€}{100} \cdot \frac{7}{12} \approx 47{,}02\ €$ $\qquad 1\,300\ € + 47{,}02\ € = 1\,347{,}02\ €$

1 347,02 € sind nach sieben Monaten an die Bank zu zahlen.

b) Familie Jensen legte Geld an. Nach einem Jahr bekam sie 252,00 € Zinsen bei einem Zinssatz von 2,1 % p. a. Wie viel hatte sie angelegt?

$K = \frac{252{,}00\,€ \cdot 100}{2{,}1} = 12\,000{,}00\ €$

Sie hatte 12 000,00 € angelegt.

c) Herr Krause erhielt nach einem Jahr 89,20 € Zinsen für 4 000,00 €. Wie viel Zinsen bekäme er nach zwei Jahren bei Verzinsung mit Zinseszins?

$p\% = \frac{89{,}20\,€}{4000\,€} = 2{,}23\%$

$\frac{2{,}23 \cdot 4089{,}20\,€}{100} = 91{,}19\ €$

Herr Krause bekäme nach zwei Jahren bei Verzinsung mit Zinseszins 91,19 € Zinsen.

4 Multipliziere.

a) $7h \cdot (2 + e - 3eh) = 14h + 7he - 21eh^2$

b) $(4 - f) \cdot (4 + f) = 16 - f^2$

c) $(10 - z)^2 = 100 - 20z + z^2$

d) $(5 + 2h)^2 = 25 + 20h + 4h^2$

Kapitel Zuordnungen und Funktionen

1 Graphen im Koordinatensystem

a) Gib die Funktionsgleichung zum gegebenen Graphen an.

_____

b) Eine proportionale Zuordnung hat die gleiche Steigung
wie die im Koordinatensystem vorgegebene Zuordnung.
Zeichne deren Graphen und gib die Funktionsgleichung
der proportionalen Zuordnung an.

_____

c) Ergänze zuerst die Wertetabelle zur Funktionsgleichung
$y = 2x + 5$.
Zeichne danach den Graphen und markiere die Nullstelle.

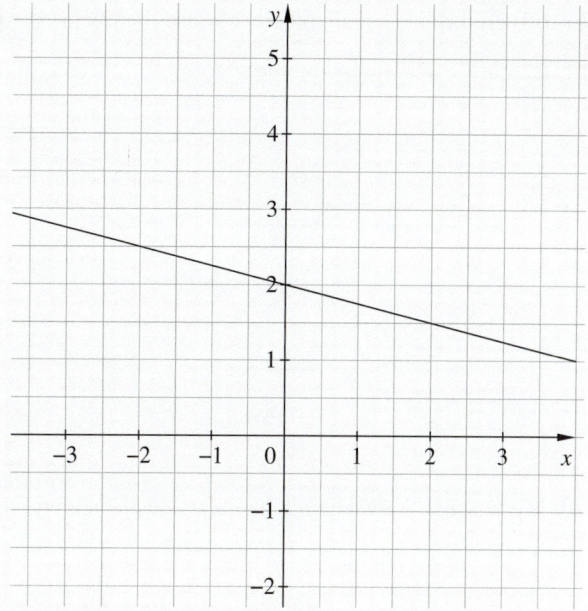

x	-4		-1		2
y		0		5	

2 Der Graph der linearen Funktion verläuft durch die Punkte $P(-2|6)$ und $Q(3|-9)$.

a) Lena sagt: „Die Steigung ist -3 und die Funktionsgleichung ist $y = -3x$."
Hat sie recht? Begründe deine Meinung.

_____

b) Prüfe, ob die Punkte auf der Geraden liegen.

$A(-7|21)$ ☐ ja ☐ nein $B(-21|7)$ ☐ ja ☐ nein $C(-\frac{2}{3}|2)$ ☐ ja ☐ nein $D(-4|8)$ ☐ ja ☐ nein

3 Familie Spiegel plant eine 7- bis 14-tägige Reise. Sie hat die Wahl zwischen drei Reiseangeboten.

Angebot 1:
Pauschalreise für
1800,00 € mit
bis zu 14 Tagen Aufenthalt

Angebot 2:
An- und Abreise
für 500,00 € und
100,00 € pro Übernachtung

Angebot 3:
An- und Abreise für 440,00 €
und 165 € pro Über-
nachtung (+ 10 % Vermittlungsgebühr)

a) Veranschauliche die Angebote im Koordinatensystem.
Bei wie vielen Übernachtungen ist das jeweilige
Angebot im Vergleich zu den anderen preisgünstig?

Angebot 1: _____

Angebot 2: _____

Angebot 3: _____

b) Ordne den Graphen Gleichungen zu.

c) Welches Angebot wird vermutlich als Erstes
ausgeschlossen?

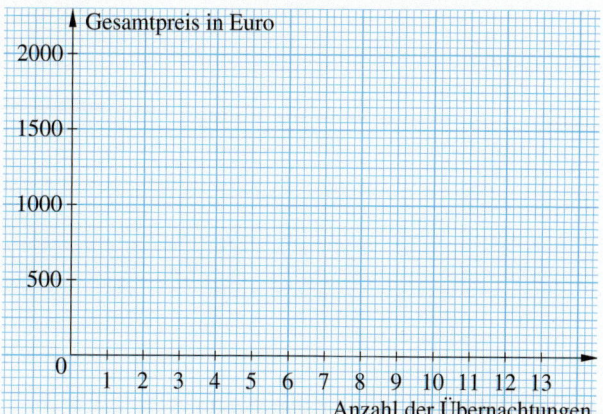

_____

_____

Kapitel Zweistufige Zufallsexperimente

1   Clas versucht zwei Frösche in eine große Tasse springen zu lassen.
    Er trifft erfahrungsgemäß mit einer Wahrscheinlichkeit von 40 % in die große Tasse.

   a) Beschrifte das Baumdiagramm.

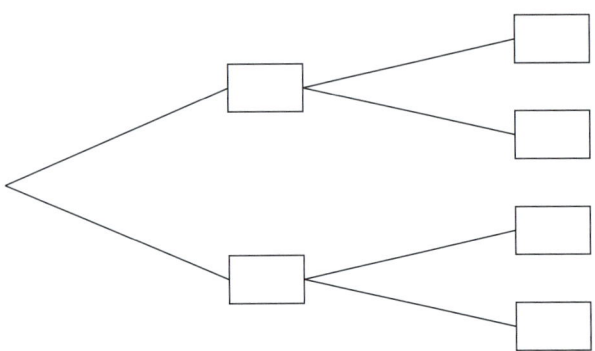

   b) Mit welcher Wahrscheinlichkeit landen die beiden Frösche in der Tasse?

   _____

   c) Mit welcher Wahrscheinlichkeit landet mindestens ein Frosch in der Tasse?

   _____

   d) Mit welcher Wahrscheinlichkeit landet nur der zweite Frosch in der Tasse?

   _____

2   Frau Chung hat Reis, Nudeln,
    gebackenes Hähnchen, gebackene Ente,
    Pilze mit Gemüse und Ananas mit Gemüse im Angebot.

   a) Ermittle mithilfe von zwei Baumdiagrammen, wie viele
       Gerichte vermutlich auf der Speisekarte stehen werden.
       Jedes Gericht besteht entweder aus einer einfachen Portion
       Reis oder Nudeln und einer oder zwei der anderen
       Komponenten, die dazukommen.

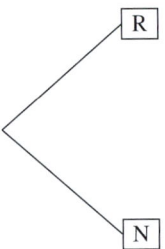

   _____

   b) Jedes Gericht hat eine andere Nummer (1; 2; 3; 4; 5; …).
       Die Nummern wurden nach dem Zufallsprinzip und ohne System vergeben.
       Mit welcher Wahrscheinlichkeit ist das erste Gericht mit gebackener Ente?

   _____

Jahrgangsstufentest

1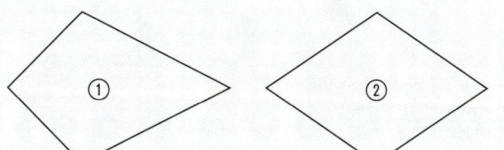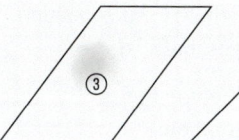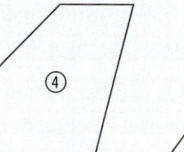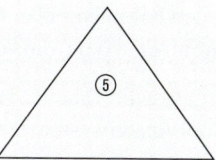

a) Benenne jede Fläche möglichst genau und berechne die Flächeninhalte. Miss die dazu benötigten Strecken.

① _____ $A =$ _____

② _____ $A =$ _____

③ _____ $A =$ _____

④ _____ $A =$ _____

⑤ _____ $A =$ _____

b) Alle Flächen sind Grundflächen von 5 cm hohen geraden Prismen.
Welche der Körper haben gleich große Volumen?

_____

2 Maximilian sagt: „Ich habe von einer Zahl 7 subtrahiert und die Differenz mit 5 multipliziert. Das Ergebnis ist 15."
Berechne die Zahl. Überprüfe dein Ergebnis mithilfe der Probe.

3 Bankgeschäfte

a) Frau Niklas lieh sich für sieben Monate 1 300,00 € zu einem Zinssatz von 6,2 % p. a.
Berechne den Betrag, der nach sieben Monaten an die Bank zu zahlen ist.

_____

_____

b) Familie Jensen legte Geld an. Nach einem Jahr bekam sie 252,00 € Zinsen bei einem Zinssatz von 2,1 % p. a.
Wie viel hatte sie angelegt?

_____

_____

c) Herr Krause erhielt nach einem Jahr 89,20 € Zinsen für 4 000,00 €.
Wie viel Zinsen bekäme er nach zwei Jahren bei Verzinsung mit Zinseszins?

_____

_____

4 Multipliziere.

a) $7h \cdot (2 + e - 3eh) =$ _____

b) $(4 - f) \cdot (4 + f) =$ _____

c) $(10 - z)^2 =$ _____

d) $(5 + 2h)^2 =$ _____

5 Familie Tegen mietet sich für den Umzug einen Lkw.
Der Mietpreis beträgt 120,00 € pro Tag.
Für jeden Kilometer über 600 km sind zusätzlich 20 Cent zu zahlen.
Alle träumen davon, dass der Umzug schnell geschafft ist.

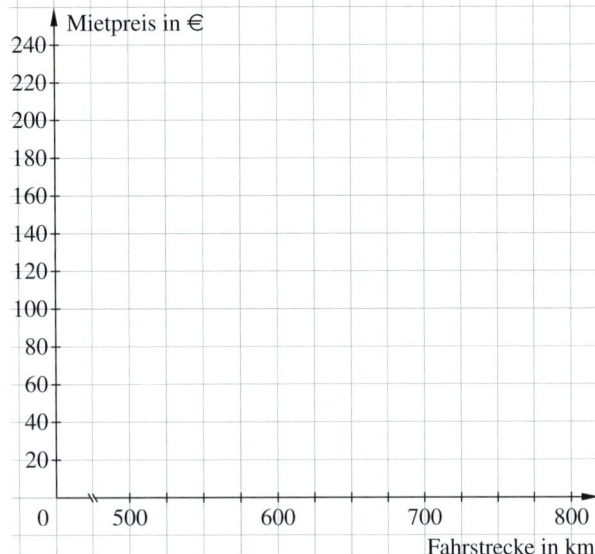

a) Ergänze die Tabelle. Trage entsprechende Punkte in das
Koordinatensystem ein und zeichne den Graphen.

Fahrstrecke in km	600	700	800
Mietpreis in €			

b) Ist die Zuordnung Fahrstrecke in km → Mietpreis in €
eine Funktion? Ist es eine lineare Funktion?

_____

_____

_____

_____

c) Welche der Gleichungen passen zu einem Teil
des Graphen?

☐ $y = 120x + 0{,}2$ ☐ $0{,}2x + 120 = y$

☐ $y - 0{,}2 = 120x$ ☐ $y = \frac{1}{5}x + 120$

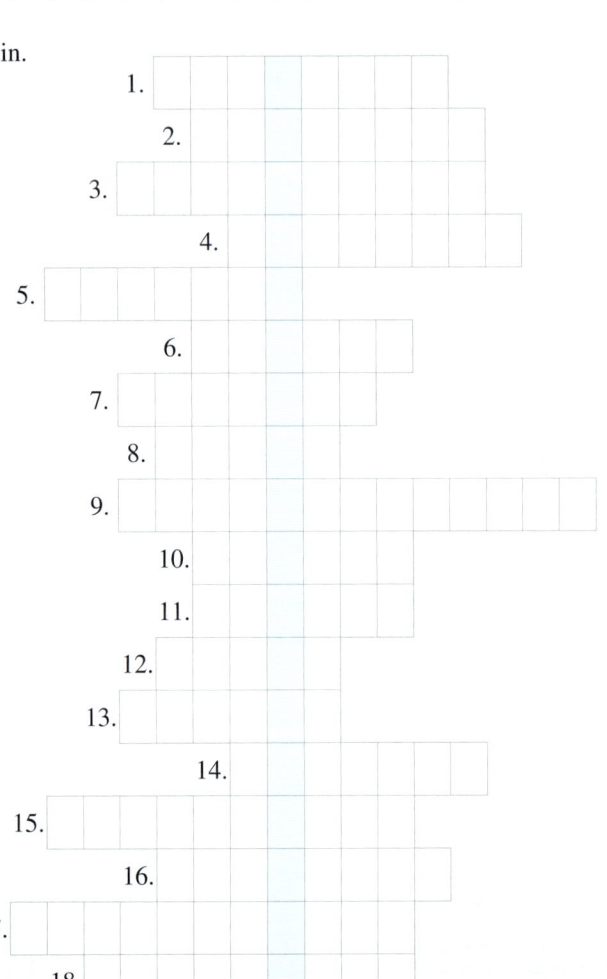

6 Trage die Buchstaben der gesuchten Begriffe in die Kästchen ein.
Wenn alles richtig ist, ergibt sich ein Lösungswort.

1. Spezielle Rechtecke sind die …

2. Bei einer Funktion mit $y = mx + n$ steht m für die …

3. Die Zinsen für den Bruchteil eines Jahres erhält
   man durch Multiplizieren der Zinsen für ein Jahr
   mit dem entsprechenden …

4. In der Zinsrechnung nennt man den Prozentsatz …

5. Die Graphen linearer Funktionen sind …

6. Ein Körper mit zwei zueinander parallelen und
   kongruenten Fünfecken ist ein …

7. In der Zinsrechnung nennt man den Grundwert …

8. Eine Fläche ohne Ecken ist ein …

9. Das Ausklammern einer Zahl nennt man …

10. Jedes Prisma hat einen …

11. Wenn durch Einsetzen einer Zahl in die Gleichung eine
    wahre Aussage entsteht, ist diese Zahl eine …

12. Zum Überprüfen des Ergebnisses macht man eine …

13. Ein Viereck mit einem Paar paralleler Seiten ist ein …

14. Ein Hundertstel ist ein …

15. Wird in einer linearen Funktion $y = 0$ gesetzt, ermittelt
    man die …

16. Ein oft genutztes Rechenverfahren ist der …

17. Sonderfälle bei der Multiplikation von Summen
    stellen die … Formeln dar.

18. Zwei Terme mit „=" dazwischen ergibt eine …